“1ミリも難しくない”統計学

スマホゲームのガチャでSSR（スーパースペシャルレア）を引く確率は？

In a mobile game gacha.
What are the chances of
drawing SSR?

佐々木 淳

SOGO HOREI PUBLISHING CO., LTD

はじめに

『FACTS ARE STUBBORN THINGS, BUT STATISTICS ARE PLIABLE.（事実は強情だが、統計は柔軟だ）』

アメリカ合衆国の著作家マーク・トウェインの言葉です。
事実は変えられないけれども、事実の背後に潜むストーリーや傾向を知ることで、よくも悪くも柔軟に変えることができる。そんな統計の性質を、この言葉は伝えています。
統計の醍醐味（だいごみ）がこの言葉に凝縮されていると私は思うのです。

申し遅れました。私は、下関市立大学で統計学を教えている佐々木淳と申します。
皆さんは、統計にどのようなイメージがあるでしょうか？
複雑な数式や公式が飛び交うイメージを持っている方もいるかもしれません。しかし、そんなに難しいことばかりに目を向けず、柔軟に周りを見渡してみてください。

明日の天気予報、お店のレビューランキング……。知っていれば便利な情報が身近には溢れていますが、その多くは統計に支えられています。私たちは、知らず知らずのうちに統計を活用しているのです。
裏を返せば、知れば知るほど、使えば使うほど便利になるのが統計です。本書では、数学が苦手な方でも楽しみながら統計の考え方を理解できるように、日常生活に関連した雑学を織り交ぜてお伝えしています。

興味のあるトピックのページを開いてみてください。ビジネスパーソンはもちろん、学生の方にも楽しんで読み進めていただけるはずです。

できるだけ数式をおさえて解説している、「1ミリも難しくない」統計と確率の面白い話。

肩の力を抜いて、柔軟に統計と付き合ってみてください。

2023年9月吉日

佐々木 淳

contents

第2章
カンニングを正直に答えさせるには？
〜統計で全部推測できる〜

第3章
「全額返金キャンペーン」の罠
〜統計と相関でウソをつく〜

contents

第5章
「バラバラに思える」人の身長にある統計
～グラフとデータの秘密～

ブックデザイン／別府拓（Q.design）
DTP・図表／横内俊彦
校正／池田研一

ガチャでSSRを引くのはどのくらいの奇跡？

～身近なアレの確率～

「雨降ったんだが？」
降水確率の落とし穴

近年は異常気象が度々発生し、天気予報の重要性が増してきたと感じます。そんな天気予報ですが、皆さんの毎日の関心事は、「雨が降るか降らないか」でしょう。そのときに目安となるのが「**降水確率**」です。

ただ、よくよく考えてみるとこの降水確率、どのようにして求めているのでしょうか？「降水確率40%」など切りのいい数字で示されていますが、これには統計が関係しているのでしょうか？

早速結論ですが、もちろん統計が関係しています。

降水確率とは、過去の気象データから、予測する日に似た状況のデータを集めて分析することで、雨や雪が降る確率をパーセント（%）で予測したものです。

降水確率の導出は、次の手順を踏みます。

まず、全国を**地域ごとに区分け**して、その地域ごとに気象データを測定し、データを収集します。次に過去のデータから、**予測する地域の気象データと似ている気象データ**を探して、雨や雪がどのくらいの割合で降ったのかを調べます。過去100回中60回雨が降っていたら60/100なので、降水確率は60%と発表するわけです。

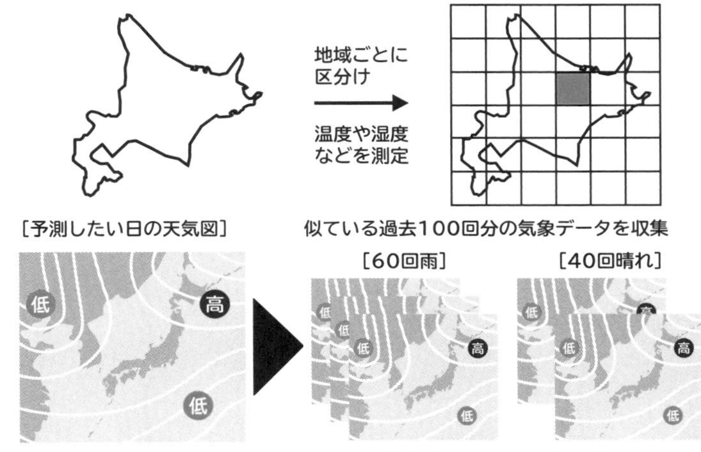

降水確率0％なのに雨が降った……という経験をした方も少なからずいると思いますが、これには理由があります。まず、**降水確率は10％区切り**で、一の位が四捨五入されるので、**降水確率0％は、「0％以上5％未満」の確率**を示しています。

また「降水」は、「予報期間中に1mm以上の降水がある」という意味です。例えば、霧雨が1時間程度降った場合は雨量が1mmを超えないことが多いので、私たちにとっては不服でしかないのですが、降水とはみなされないのです。

なお、気象予報の的中率は大体80～85％と、高確率です。先ほどとは反対に、降水確率が高いときに雨や雪が降らないこともありますが、的中率を考慮すると、傘は持って出かけたほうが無難ですね。

「降水確率」の仕組み

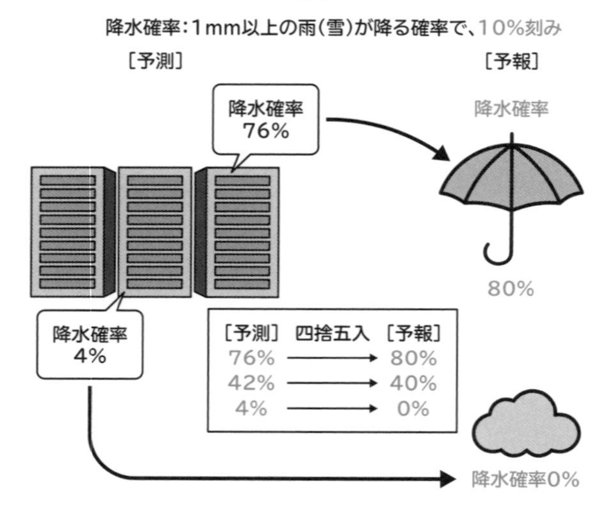

降水確率：1mm以上の雨（雪）が降る確率で、10%刻み
［予測］
［予報］
降水確率
76%
降水確率
80%
降水確率
4%
［予測］ 四捨五入 ［予報］
76% → 80%
42% → 40%
4% → 0%
降水確率0%

「精度99％」の感染検査

私たちは体調がよくないとき、病気にかかっていないか・ウイルスに感染していないかを、病院に行って診てもらいます。

病気やウイルス感染の判定方法は医学の世界に数多く存在しますが、100％判定できる検査法は、ほぼ存在していません。そこで、検査を受ける上で知っておきたい知識を、具体的な問題を通して見ていきましょう。

検査には「**感度**」と「**特異度**」という専門用語を用いるため、まず用語の解説をします。

感度は、感染している人に**正しく「陽性」と判定できる割合**のことです。「感度80％」の検査なら、感染者100人のうち80人に対し、正しく「陽性」と判定することができます。しかし、残る20人については、感染しているにもかかわらず「陰性」と誤った判定がされてしまうということです。これを「**偽陰性**」と言います。

特異度は、感度とは反対に、感染していない人に**正しく「陰性」と判定できる割合**のことです。「特異度90％」の検査なら、感染していない人100人のうち、90人には正しく「陰性」と判定することができます。しかし、残る10人は、実際には感染していないのに「陽性」と誤った判定がされてしまいます。これを「**偽陽性**」と言います。

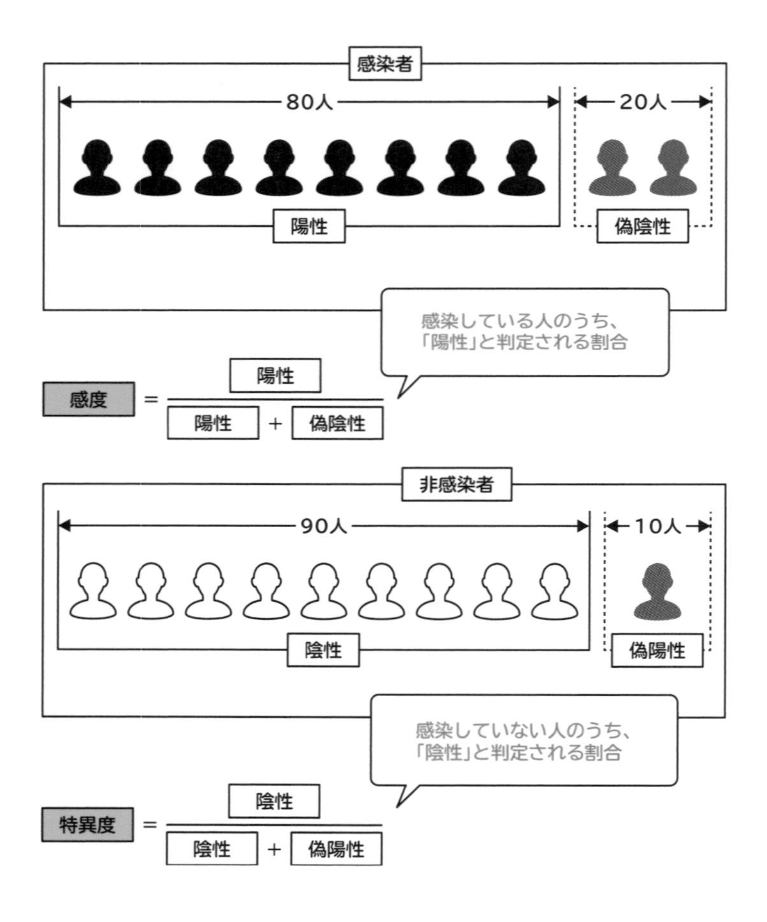

それでは、次の例題でウイルス検査の信頼性を見ていきましょう。

あるウイルスに感染している人に対して、A検査法は80％の確率で正しい判定「陽性」を下します（感度：80％）。あるウイルスに感染していない人に対して、A検査法は90％の確率で正しい判定「陰性」を下します（特異度90％）。

日本人でウイルスに感染している人としていない人の割合は、0.1％と99.9％とします。

では、A検査法を受けた人が「陽性」と判断されたとき、その人が実際にウイルスに感染している確率は何％でしょうか？

問題文によると、A検査法で「ウイルスに感染している人」が正しく「陽性」と判定される確率（感度）は80％なので、間違った判定（偽陽性）をされる確率は100 − 80 ＝ 20（％）です。A検査法で「ウイルスに感染していない人」が正しく「陰性」と判定される確率（特異度）は90％なので、間違った判定（偽陽性）をされる確率は100 − 90 ＝ 10（％）です。

この状況を表にまとめると、以下の通りです。

	A検査法で陽性	A検査法で陰性
ウイルスに感染している （0.1％）	80％	20％
ウイルスに感染していない （99.9％）	10％	90％

ここで求めたいのは、A検査法で「陽性」と判断された人が、実際にウイルスに感染している確率なので、赤枠の部分に着目していきましょう。

確率の問題は、答えが分数の形となります。ただ、分数の式を見ると苦手意識が出る方もいると思うので、具体的な数を利用して分数が表れない形にして考えましょう。

例えば、調べる人口を1万人とすると、ウイルスに感染しているのは0.1%なので10000 × 0.001 = 10人です。反対に、ウイルスに感染していないのは、10000 − 10 = 9990人です。

感度は80%なので、ウイルス感染者10人中、陽性は10 × 0.8 = 8人、残りの20%は陰性で、人数は10 × 0.2 = 2人（偽陰性）。

特異度は90%なので、ウイルスに感染していない9990人中陰性は9990 × 0.9 = 8991人、残りの10%は陽性で、人数は9990 × 0.1 = 999人（偽陽性）です。

	A検査法で陰性	A検査法で陰性
ウイルスに感染している　（10人）	8人	2人
ウイルスに感染していない　（9990人）	999人	8991人

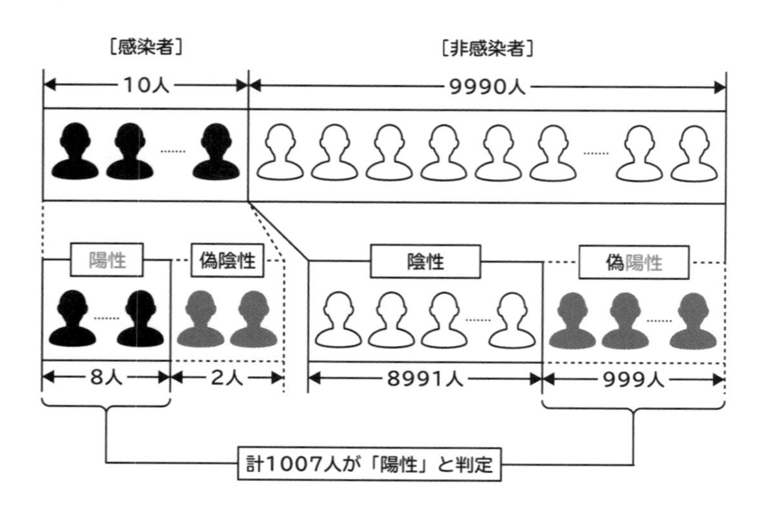

A検査法で「陽性」の判定が出た人は8＋999＝1007人（約1000人）です。実際ウイルスに感染しているのが8人なので、求める確率は

$$\frac{\text{陽性}}{\text{陽性+偽陽性}}=\frac{8}{8+999}\fallingdotseq\frac{8}{\text{約}1000}=0.8\%$$

となります。この結果を見ると、A検査法を受けて「陽性」と判定された約1000人中、本当にウイルスに感染しているのは、たったの8人しかいないことになります。**「陽性」と判断されたとしても本当に「ウイルスに感染している」とは限らない**……ということは頭にとどめておいたほうがいいかもしれません。

ただし、このような確率になるのは、冒頭の条件にあるウイルスに感染している人としていない人の割合が、0.1％と99.9％と極端な場合です。

	感染している人	感染していない人	陽性判定者が感染している確率
①	0.01%	99.99%	0.80%
②	10%	90%	47.00%
③	50%	50%	88.90%

$$\frac{\text{陽性}}{\text{陽性}+\text{偽陽性}}=\frac{8}{8+9}=\frac{8}{17}=47\%$$

例えば、ウイルスに感染している人と、していない人の割合が10%と90%の場合（②)、陽性と判定された人が感染している確率は約47%。それぞれ50%と50%の場合（③）は、約88.9%と大幅に変化します。

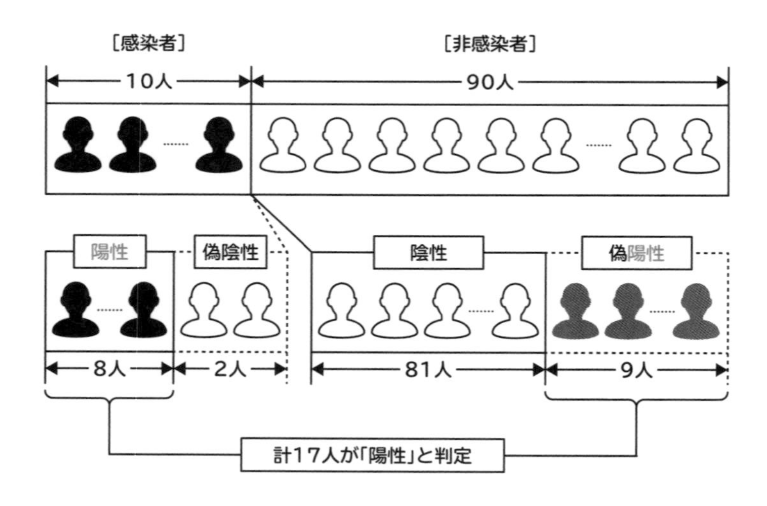

「ウイルスに感染している人」と「していない人」の割合を見かけることはほとんどありませんが、とても重要な情報だとわかります。

ベストな社員の採用方法

４月には新卒入社の人材が多く入ってきますが、新入社員を採用するのはどの企業も苦労しています。優秀な人材を採りたいと誰もが思うものの、結果的にはうまくいかず、毎年毎年悩みの種となっているのです。

このような問題に対して、数学的に解決する方法はないのでしょうか？　……実は、あるのです。

例えば、ある企業が社員を１人募集して、100人の応募があったとしましょう。そこで１人１人面接して、採用する人物を決めます。

100人の候補の中で、１番優秀な人をＸさんとします。もちろん採用する側は、誰が優秀な人材なのかも、Ｘさんが何番目に面接する人なのかもわかりません。では、どうすればＸさんを高い確率で採用できるのでしょうか？

早速結論ですが、**37人と面接をして全員不採用にします**。このときの37人の中で、１番優秀だった人物をＡさんとします。そして**38人目からは、Ａさんよりも優秀な最初の応募者を採用**します。この方法が、優秀なＸさんを採用する確率が１番高くなるのです。

とはいえ、37人までを無条件で不採用にするこの方法が、１

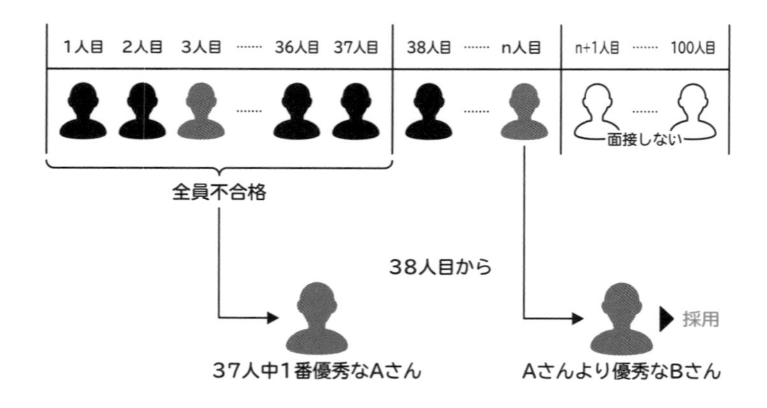

番Xさんの採用確率が高くなるというのは、にわかに信じがたいと思います。そもそも、なぜ「37人」なのでしょうか？

そこで、実際に確率を見てみましょう。話を簡略化するために、応募者が10名の場合で考えてみます。

先ほどの結果を考慮すると、3～4人とまず面接し、不採用にします。その後に面接して優秀だった人、つまり4～5人目以降から採用すると、それがXさんである確率が1番高くなることになります。計算は大変なので詳細は割愛しますが、計算結果は下表の通りです。4人目以降に採用すると39.9%、5人目以降に採用すると39.8%となります。

何人目	1	2	3	4	5	6	7	8	9	10
確率	10%	28.3%	36.6%	39.9%	39.8%	37.3%	32.7%	26.5%	18.9%	10%

まず、一切強制的に不採用としない場合の確率を考えます。1人目がXさんである確率は1/10（10%）で、2人目……10人目がXさんである確率も、1/10です。そのため、1人目で1番優秀なXさんを採用できる確率は1/10です。

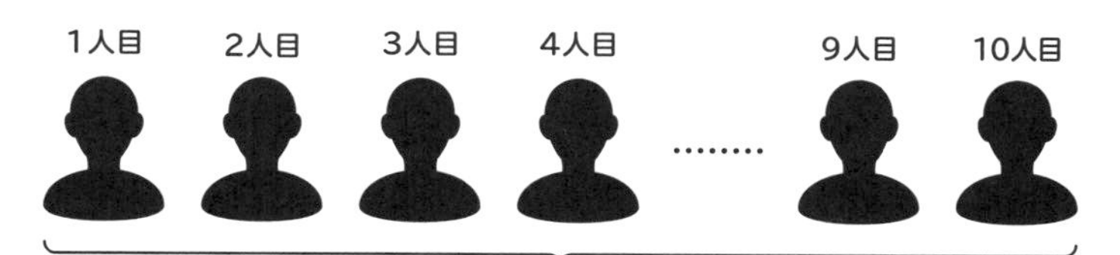

次に、n人目より優秀な人が現れた時点で、その人を採用する場合を考えます。

まず、1人目の応募者を強制的に不採用にした場合、2人目以降にXさんがいる確率を調べてみましょう。

①1人目の応募者が、1番優秀なXさんだった場合

2人目にXさんが来ることはないので、Xさんを採用できる確率は1/10×0＝0です。

②1人目の応募者が、Xさんの次に優秀なYさんの場合

面接1人目がYさんとなる確率は1/10です。

それ以降でYさんより優秀なのは、Xさんしかいません。そのため、Xさんとの面接が何番目であったとしても、Xさんを採用できることになります。この確率の計算式は1/10×1＝1/10です。

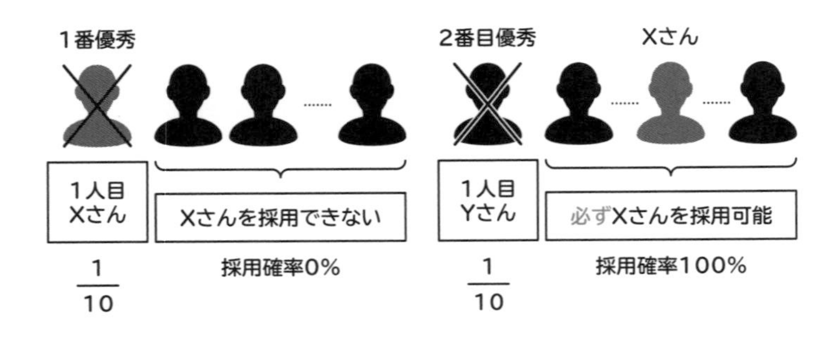

③1人目の応募者が、3番目に優秀なZさんの場合

面接1人目がZさんとなる確率は1/10です。

Zさんより優秀な、XさんとYさんのどちらか先に面接したほうが採用されるため、Xさんを採用する確率は1/2となります。このときの計算式は1/10 × 1/2です。

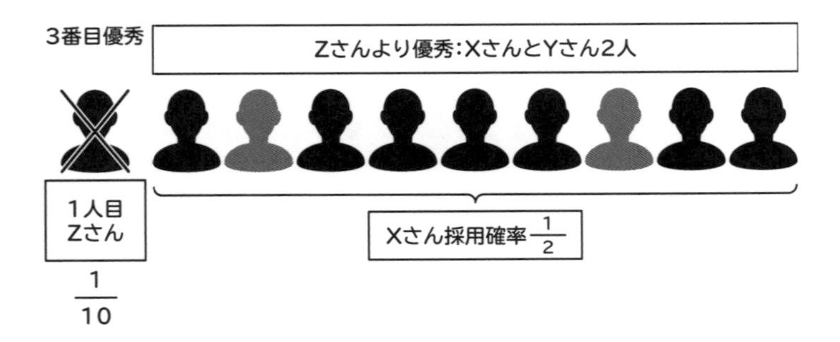

このように、1人目の人物を設定しながら計算すると、2人目の場合の確率は次のようにして求めることができます。

$$\frac{1}{10}\times1+\frac{1}{10}\times\frac{1}{2}+\frac{1}{10}\times\frac{1}{3}+\frac{1}{10}\times\frac{1}{4}+\frac{1}{10}\times\frac{1}{5}+\frac{1}{10}\times\frac{1}{6}+\frac{1}{10}\times\frac{1}{7}+\frac{1}{10}\times\frac{1}{8}+\frac{1}{10}\times\frac{1}{9}\fallingdotseq0.283$$

「始めに面接した約４割を無条件に不採用にすると、１番優秀な人材を採用する確率が最も高くなる」という結果は、直観と反するものだったのかもしれません。直観的には分からない現象や論理的に解釈することが難しい現象も多々あります。これはその例の一つです。

そのようなときこそ、今回のように確率を計算して判断することが大切になります。「確率を計算してみたら、この結果になった」ものも、確率を用いることで客観的な数値で判断し、示すことができるためです。

確率は、意思決定を助ける強力なツールでもあるということを、わかっていただけたでしょうか。

「残り物には福がある」？

公平に当たりを選ぶ手段の一つに、くじ引きがあります。私たちはみんな損をしたくないので、運に左右されるとわかっていても、「くじ引きの順番で当たる確率が変わってくるのではないか？」と思ってしまいます。

確かに、先にくじを引いたほうが当たりを引く確率が高いのか、「残り物には福がある」と言われる通り、後からくじを引いたほうが当たりを引く確率が高いのか気になります。

結論から述べると、**くじ引きに順番は関係ない**んです。

とはいえ、本当にそうなのか？　と思う瞬間があるのも事実。具体例から考えてみましょう。

10本のうち3本当たりがあるくじ引きをします。このくじを10人が順番に引き、引いたくじは箱の中に戻さないものとします。

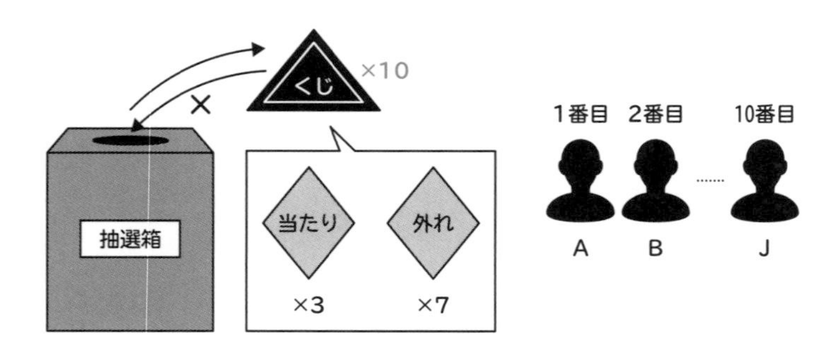

1番目にくじを引いても、10番目にくじを引いても、当たりくじを引く確率は3/10（30%）です。

ですが、1番目にくじを引くAさんが外れくじを引いたとしましょう。すると残りくじの本数は9本となり、当たりくじは変わらず3本です。2番目にくじを引くBさんが当たりくじを引く確率は3/9（33.3%）と、少しながら増加します。

この結果を見ると、後からくじを引いたほうが当たりくじを引く確率が上がるため、まさに「残り物には福がある」を感じるわけです。しかし、もちろんAさんが当たりくじを引く可能性だってあります。そのときBさんは、9本のくじのうち、当たりくじが2本となるため、当たりくじを引く確率は2/9（22.2%）。同じように、自分より先にくじを引いた人が当たりくじを引くごとに、「残り物には福がある」確率は低くなっていくので、損に感じますよね。

そして、この2つのケースを次のように計算してトータルすると、2番目に当たりを引く確率はやはり3/10となるのです。

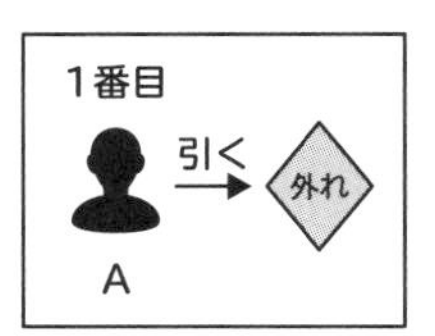

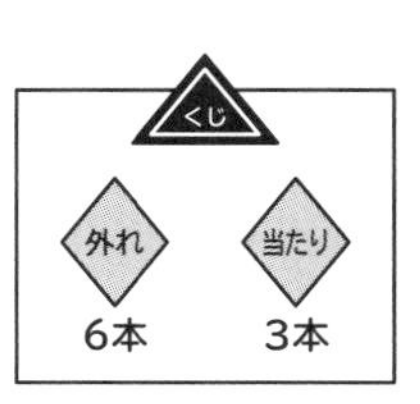

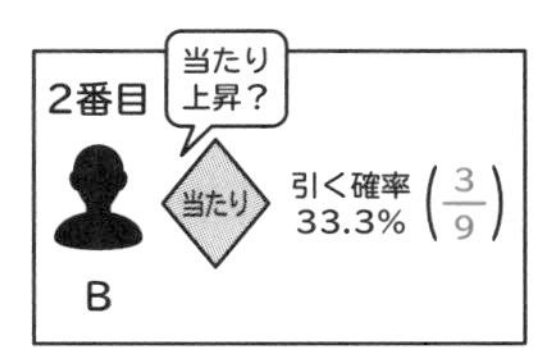

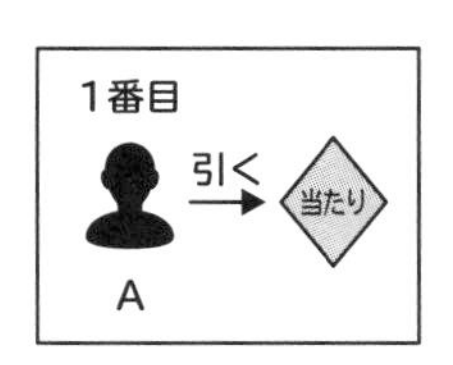

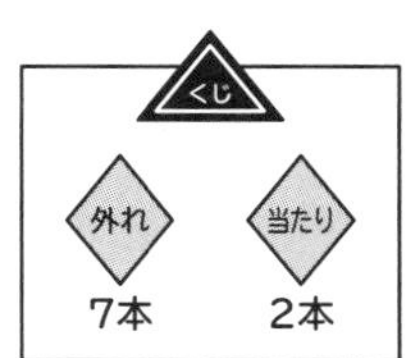

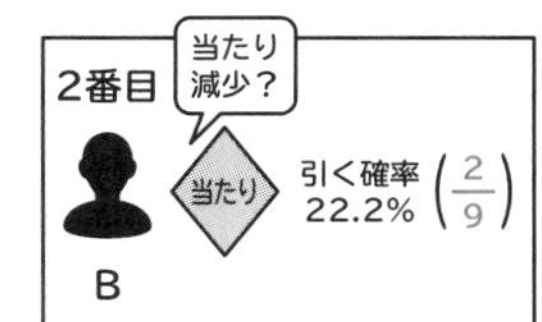

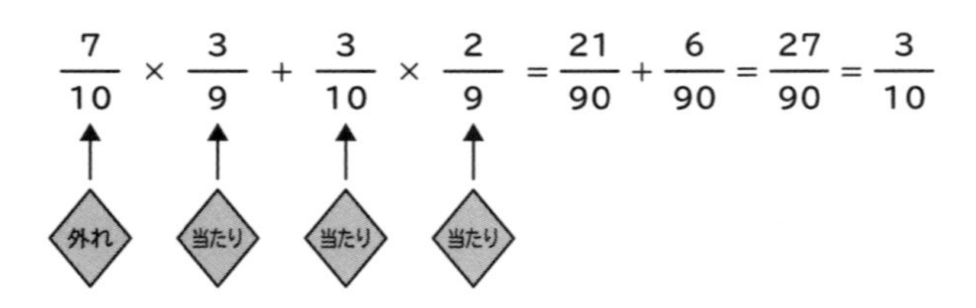
$$\frac{7}{10} \times \frac{3}{9} + \frac{3}{10} \times \frac{2}{9} = \frac{21}{90} + \frac{6}{90} = \frac{27}{90} = \frac{3}{10}$$

ちなみに、このAさんが外れくじを引いたとき、Bさんが当たりくじを引く確率（3/9=1/3）と、Aさんが当たりくじを引いたとき、Bさんが当たりくじを引く確率（2/9）のことを、**条件付き確率**と言います。

なお、この例題を、引いたくじの結果を見ないまま、Aさんから10番目のJさんまで全員がくじを引き、一斉にクジの結果を見るという場合を考えてみます。

すると、単純に10人の中に3人当たりくじを引いている人間がいることになるので、何番目に引いても当たりくじを引く確率は、3/10とわかるのではないでしょうか。

年末ジャンボ宝くじ
「億の細道」で1000万円購入したら億万長者になれるのか？

私たちの1番身近にあるギャンブルと言えば宝くじです。

年末、夢と期待を膨らませながら、億の当選が出たことのある宝くじ売り場に並び、1枚300円の宝くじを買う……。「億の細道」と呼ばれる長蛇の列は、風物詩になっているかもしれません。

もちろん、ほとんどが高額当選とはならず、当選発表日の年末には現実を思い知るわけですが、外れながらも思うわけです。「もう少し買ったら当たったかも。100万円分買ったら、1000万円分買ったら、億のお金を手にしていたかも……」と。

言わずもがな、一般人にこれほど多くの額を宝くじに出せるものではありませんが、近年は、YouTubeでさまざまな方が、次ページ表のように宝くじに高額を支払って、当選金額を報告する動画も人気を集めています。それによって、擬似的に眺めることはできるでしょう。

例えばYouTuberのAさんは、1800万円分の宝くじを買って、当選金の合計が663万円戻ってきています。1000万円以上の損失となり、冷静に購入額と当選金額の割合である**還元率**（**回収率**）を調べると、663 ÷ 1800 ≒ 0.368 = 36.8%と低いです。

YouTuber	購入(万円)	当選(万円)	還元率(%)
A	1800	663	36.8
B	1000	350	35.0
C	1000	232	23.2
D	710	209	29.4
E	310	115	38.3
F	100	33	33.0

こうして結果を見るとさらに現実的になりますが、どのくらい購入すれば、どのくらいお金が戻ってくるのかを求められないのでしょうか？

もちろん、当選金額の平均である期待値や還元率と呼ばれる目安を計算することはできます。結果は次ページ表の通りで、1枚300円の宝くじの期待値は140～150円、還元率は47～50%です。

ただし、どちらも全体を平均したときの値で、個々人では結果が違います。

先ほどのYouTuberの還元率は、47%～50%に満たなかったのですが、還元率が大きく上回ることもあるはずです。

YouTuberの方々が投資した額は高額ですが、もっと高額だったら変わるのでしょうか？　例えば1億円分の宝くじを買ったら、どのくらいの額が返還されるのか気になる方もいるはずです。とはいえ、さすがに宝くじに1億円分の投資……となると、買うことはとてもとてもできないでしょう。

しかし諦めないでください。今は「web宝くじシミュレーター」のようなツールで、シミュレーションをすることができます。

ものは試しで、私がweb宝くじシミュレーターを使ってみたところ、1億円つぎこんで、当選金額は3,000万円にもおよばないという「くじ運のないありさま」でした。数学を教える仕事をしている私も、宝くじの前では無力だったわけです。

web宝くじシミュレーター
http://kaz.in.coocan.jp/takarakuji/

宝くじの期待値と還元率の目安

年	宝くじ名	期待値	還元率(%)
2020	東京2020協賛	143.490	47.8300
	ドリーム	149.990	49.9967
	サマー	141.990	47.3300
	ハロウィン	141.990	47.3300
	年末	149.995	49.9983
2021	バレンタイン	143.990	47.9967
	ドリーム	149.990	49.9967
	サマー	144.490	48.1633
	ハロウィン	141.990	47.3300
	年末	149.995	49.9983
2022	バレンタイン	144.990	48.3300
	ドリーム	149.990	49.9967
	サマー	141.490	47.1633
	ハロウィン	142.990	47.6633
	年末	149.995	49.9983

私の周りには、「約1億円かけて当選額が4,500万円」の方や「3,000万円すら戻ってこなかった……」という方がいて、みんな宝くじ運には恵まれないようでした。このような結果を見ると、実際の宝くじを買わなくて本当によかったと思います。確かめられないものを確かめられる秘密のツールこそが、数学なのかもしれません。

ちなみに、年末ジャンボ宝くじは、販売総額1380億円ですが、私がシミュレーションした結果、回収率が50%近くになるのは購入額が50億円を超えたくらいのとき。購入額10億円のときでさえ、まだ還元率は30%台で安定していませんでした。YouTuberの方々も多くは30%台と、宝くじの還元率47%～50%から大きく下回っている理由も頷けます。

数学を教えるものとして、公営ギャンブルとの付き合い方で言えるのは、高額をかければかけるほど、自分のお金は損する方向に安定するということ。そのため、損しても困らない額で試すのがよいでしょう。少ない額の場合は結果がバラつくので、それがもしかすると高額当選に……なるのかもしれません。

なお、宝くじの収益金は、少子化対策、防災対策、公園整備などに使われているので、地域貢献にもつながっています。

スマホゲームのガチャでSSRを引く確率は？

リアルのガチャ（カプセルトイ）は、子どもから大人まで人気の商品ですが、欲しいアイテムが手に入るまでついつい熱中して続けてしまうものでもあります。

ご存じの方も多いでしょうが、今では多くのゲーム――スマートフォンなどでできるソーシャルゲーム――に「ガチャ」があります。ガチャをまわすことで、ゲーム内で使用できるアイテムやキャラクターなどがランダムで手に入るというものです。

そして、このガチャにはランクがあります。ゲームにもよりますが、レア度の順に、**N**（ノーマル）、**R**（レア）、**HR**（ハイパーレア）、**SR**（スーパーレア）、**SSR**（ダブルスーパーレア／スーパースペシャルレア）、**UR**（アルティメットレア／ウルトラレア）、**LR**（レジェンドレア）となります。

SSR以上の魅力的な商品を「絶対欲しい！」と、ついつい熱中して課金し、ガチャをまわしてしまうという人も多いのではないでしょうか？

そんなゲームのガチャですが、リアルのガチャと少なからず違いがあります。具体的に見てみましょう。

ここでは、1%の確率でSSRの「当たり」を引けるスマホゲームのガチャがあったとします。100回以内にSSRを引ける確率はどのくらいでしょうか？

1％の確率なので、100個に1個はSSRがある計算になります。リアルのガチャであれば、カプセル100個中1個がSSRでその他が外れの場合、1回まわすごとにカプセルが一つずつ減っていきます。つまり、100回行えば必ずSSRを引けるということです。

しかしスマホのガチャの場合、カプセルが減ることはありません。100回まわしてもSSRが当たらない可能性もあるのです。

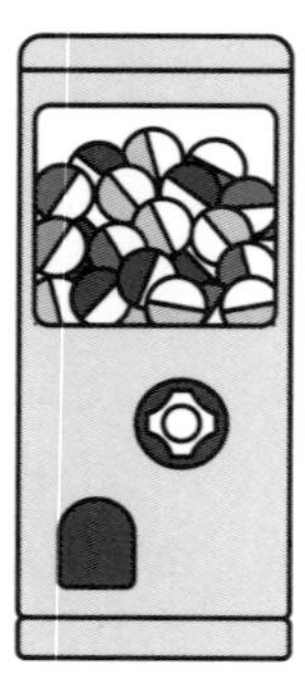

リアルのガチャ

1回まわすたびにカプセルが一つずつ減っていく。カプセル100個中SSRが必ず1個あるなら、100回ガチャをまわせば必ず当たる

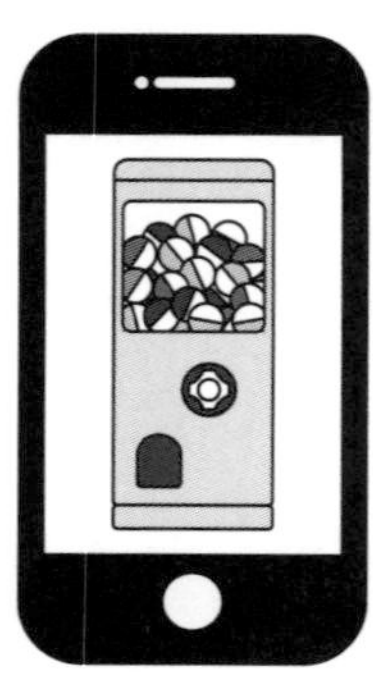

スマホのガチャ

何回まわしてもカプセルは減らない。SSRが当たる確率が1/100なら、何回引いたとしても確率は1/100。反対に、SSRが何度も当たる可能性はある

実際、100回まわしてもSSRが当たらない確率を計算すると、約36.6%となります。裏を返すと、SSRを1回以上引く確率は、100 − 36.6により**約63.4%**です。

このように比較すると、スマホのガチャは不利な部分ばかりが見えますが、このシステムの都合上、100回ガチャをまわしたらSSRを2回以上引く可能性もあります。もちろん極端なことを言えば、100回中100回SSRが出ることも、可能性としてはあるわけです。

スマホのガチャでSSRを引く確率が約63.4%である理由を、少し考えてみましょう。

まずは簡単な例で確認していきます。例えば1/2の確率でSSRが引ける場合ならどうでしょう。

この確率は、コイン投げで表が出る確率と同じになります。

確率が1/2なので、ガチャを2回まわせば1回はSSRが引けそうですが、どうでしょうか？

具体的な計算を見ると、2回ともSSRを引けない（2回とも外す）確率は1/2 × 1/2 = 1/4で25%です。そのため、2回以内にSSRを引く確率は、100%から25%を引いて75%となり、100%ではありません。表にまとめると以下の通りです。

2回以内にSSRを引く確率

<table>
<tr><td>当たりの回数</td><td>0</td><td>1</td><td>2</td></tr>
<tr><td rowspan="2">確率</td><td rowspan="2">25%(1/4)</td><td>50%(1/2)</td><td>25%(1/4)</td></tr>
<tr><td colspan="2">SSRを1回引く確率：75%（3/4）</td></tr>
</table>

もう少し数を増やして、1/3の確率でSSRを引ける確率を調べてみましょう。確率が1/3なので、ガチャを3回まわせば1回はSSRが引けそうです。しかし、先ほどと同様に計算してみると、SSRを（1回以上）引く確率は70.37%で、100%ではありません。表にまとめると以下の通りです。

3回以内にSSRを引く確率

当たりの回数	0	1	2	3
確率	29.63%	44.44%	22.22%	3.70%
		SSRを1回以上引く確率：70.37%		

では、今度はいよいよ、SSRが1%=1/100の確率で出る場合で考えてみましょう。1回ガチャをまわして当たる確率が1/100なので、外れる確率は99/100です。100回連続で外れを引く確率を計算すると36.6%となりますが、手計算でも電卓を使っても大変なので、コンピューターの力を使って以下のように計算しました。

SSRを引く確率が1%のガチャ

1回まわして外す $\frac{99}{100} = 99\%$

2回まわして外す $\frac{99}{100} \times \frac{99}{100} \fallingdotseq 98\%$

……

100回まわして外す $\frac{99}{100} \times \cdots \times \frac{99}{100} \fallingdotseq 36.6\%$

回数	外す確率	当たる確率
1	99.0%	1.0%
2	98.0%	2.0%
3	97.0%	3.0%
～	～	～
98	37.35%	62.65%
99	36.97%	63.03%
100	36.60%	63.40%

つまり、100回まわして（1回以上）SSRを引く確率は、100%－36.6%＝63.4%となります。

ただし、くり返しになりますが、スマホのガチャはリアルのガチャと違って当たる確率（外す確率）が変わらないので、ずっと当たりを引けないこともあります。そのため、この「100回まわして63.4%」という数字は、思っているよりも高くない確率です。

しかし、現実はもう少しSSRを引ける気がするという人もいるかもしれません。それは、ガチャごとに確率が変化するように設定されている場合もあるからです。

めげずにSSRを狙っていきましょう！

子ども2人が男の子である確率は？

早速ですが、クイズです。

ある家族には2人の子どもがいて、そのうち1人は男の子だとします。このとき、2人とも男の子である確率はどのくらいでしょうか？　なお、男の子、女の子の出生する割合をそれぞれ50%とします。

この問題は「2人の子ども問題」と言われる有名なもので、学術雑誌『Scientific American』に取り挙げられたものです。

1人が男の子とわかっているので、もう1人が男の子であれば、2人とも男の子となります。男の子、女の子の出生する割合がそれぞれ1/2（50%）なので、1/2と答えたくなります。

2人の子ども問題

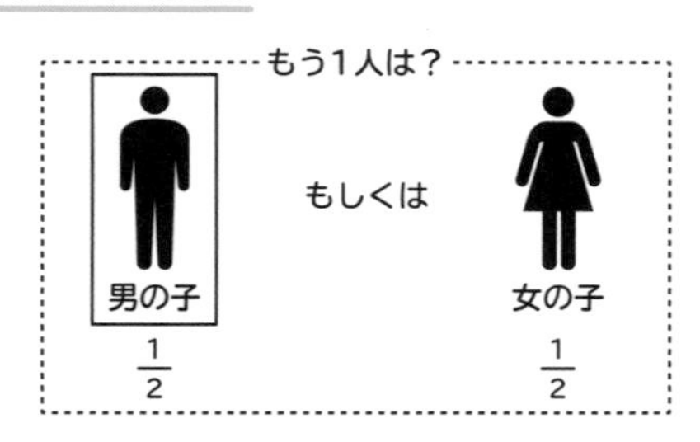

しかし、『Scientific American』に示されていた回答は1/3で、

私たちの直観と異なります。なぜでしょうか？　一つ一つ考えてみましょう。

2人の子どもがいる場合、子どもの性別はそれぞれ男子・女子で2通りあるので、下図のように4つの組があることになります。ただし、クイズの条件に「1人は男の子」とあるので、4つの組のうち「姉・妹」の組は除いて考えます。

子どもの組み合わせ

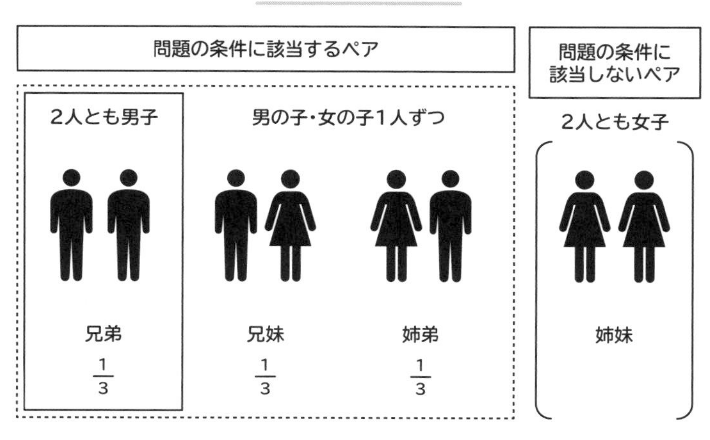

残った3つの組「兄・弟」、「兄・妹」、「姉・弟」の中で、2人とも男の子であるのは「兄・弟」だけです。どの組も1/3で起こるので、このクイズの答えは1/3となるのです。

このクイズの肝となっているのは、「1人は男の子」という条件です。このような条件が付いた確率を、その名の通り「条件付き確率」と言うのでした。条件付き確率というのは、条件があるぶん紛らわしく、間違いやすいものです。

ちなみに、当初予想した1/2（50%）という答えは、「条件付き確率ではない」一般的な確率の答えとしては正しいです。

開票後すぐに「当確」の選挙速報を流せる理由

2016年から選挙権が18歳以上に与えられるようになり、選挙に関するニュースを見る機会がより増加しました。

選挙では投票した候補者の行方が気になりますが、選挙速報を見ると、開票率が0%なのに「当選確実」と示されていることが珍しくありません。過去には、開票後4秒で当選確実になった選挙もありました。

「当選確実」は、あくまで95%などの高い確率で当選するという予想です。しかし、開票を始めてから4秒なので、投票用紙をほとんど開くことなく選挙速報が出されたことになります。このような放送を見て、不思議に思ったことはないでしょうか？

選挙は国民の意見が反映された重要な機会です。速報を報道する際に、勘や経験を頼りに結果を予想するなどということはあり得ません。

では、実際の投票の集計結果をほとんど考慮せずに、どのように「当選確実」を導いているのでしょうか。そこには、数学を用いた「統計」によるデータの分析が行われています。

多くの報道機関では、**事前の取材**と**出口調査**を行うことで、選挙に関するデータを収集・分析をして、当選・落選の予測を行います。

選挙速報を出すまでの流れ

①事前調査

選挙前に、立候補者の選挙区内における情報（過去の選挙結果や投票率、支持者の数（地盤）など）を調査し、得票数を予測

②出口調査

期日前投票・選挙当日の投票において、投票した人に投票所外で聞き取り調査を実施

※調査する場所で偏りがあると予想がブレてしまうため、過去のデータを分析して、各場所・各世代にまんべんなく調査する。つまり、一部のデータで全体を予想できるようにする

③当選確実の予想

①の事前調査と②の出口調査を踏まえ、予想の得票数を推定。1位の候補者の得票数が次点の候補者に負けることはないと判断できた場合、当選確実の速報を出す

得票数の推定には、統計の「**区間推定**」という理論を用います。具体的には「**正規分布曲線**」という、左右対称で山型のグラフを使って当選者の推定を行っています（詳細は192ページ）。難しく思われるかもしれませんが、一部の結果から全体の結果を予想する公式があり、それを用いて当選者を予測しているのです。

しかし、開票0%ではそもそも一部のデータすらありません。ではどうするのかというと、出口調査のデータを活用します。出口調査の結果をもとに、全体の投票結果を推定してニュース番組などで当選速報を報道するのが大まかな流れです。

それでは、具体的な事例を使って選挙速報の手順をざっくりと見てみましょう。

A候補とB候補の2人が立候補している選挙区の投票所で、1000人に出口調査を行ったとします。そのうち550人がA候

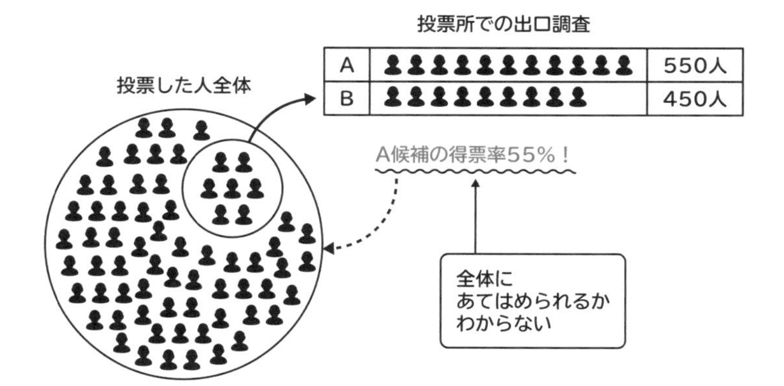

補に投票したという回答を得られました。つまり、A候補の得票率は550 ÷ 1000 × 100=55%です。50%を超えているため、当選の可能性が高いことは予想できますが、まだ当選確実とは言えません。別の地域での出口調査では、A候補に入れた人が50%の場合や過半数を下回る45%の可能性も考えられるからです。

そこで出口調査の結果から、A候補の得票率がどのくらいばらつく可能性があるのか計算します。ここで利用するのが、先ほどご紹介した統計学の「区間推定」という理論です。

区間で予想する理由は、精度が上がるためです。予想の精度を設定することができ、ほとんどが90%、95%、99%などの精度で予想しています。特に、95%で予想することが多いようです。予想をする式は以下の通りです。

区間推定の公式

(95%の場合)rは得票率、nは調査人数

$$r-1.96\times\sqrt{\frac{r(1-r)}{n}}\leqq R\leqq r+1.96\times\sqrt{\frac{r(1-r)}{n}}$$

公式のrは得票率です。今回の場合は、A候補の得票率が55%なのでr=0.55です。nは調査人数で、今回の場合はn=1000となります。計算すると、95%の確率で、A候補の得票率は52%～58%と計算することができます。この予想結果から、少なくともA候補の得票率は52%と過半数を超えていることがわかるので、当選確実の速報を出すことができるのです。

r =0.55(55%)、n =1000を当てはめて計算すると、

$$\underbrace{0.55-1.96\times\sqrt{\frac{0.55(1-0.55)}{1000}}}_{0.52\ (52\%)} \leqq R \leqq \underbrace{0.55+1.96\times\sqrt{\frac{0.55(1-0.55)}{1000}}}_{0.58\ (58\%)}$$

「缶コーヒー１本」で買える安心はお得？

生命保険の死亡率

年齢を重ねれば重ねるほど、気になるのは健康について。日々の不摂生がたたって長期入院となったときに、入院費用でさらに青ざめる……という事態は避けたいものです。

そんな万が一に備えるための選択肢の一つが、生命保険です。とはいえ、生命保険一つとっても、バラエティーに富んだ内容になっているため、どれがいいのか悩みますよね。選ぶ際に気になるところといえば、保障の充実度と費用でしょうか。

そこで費用に注目してみると、「**缶コーヒー１本で入院の日額１万円の補償**」などの広告の言葉が目にとまります。缶コーヒー１本、つまり１日 140 円ほどで安心・安全を得られるとなれば、気軽に保険に入れそうですね。

しかし、ここで私は質問をしたいのです。その「保険は本当に安いのでしょうか？」と。

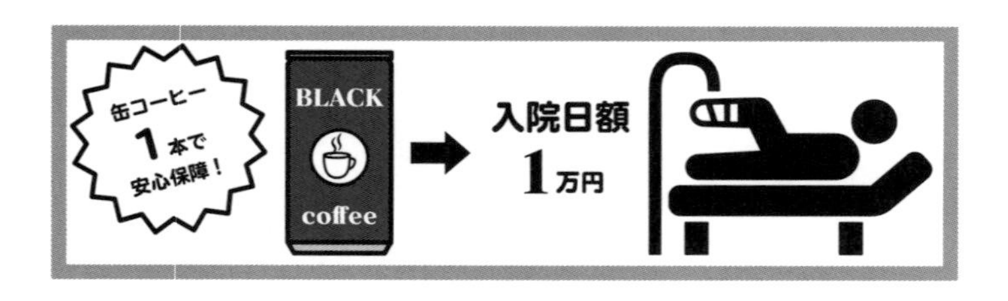

この広告には、トリックが隠されています。

高い価格を安く見せる方法の一つは、実は皆さんが小学校で習った「算数」なのです。缶コーヒー1本の値段が140円だったとしても、1日1本買うと、1カ月では140×30＝4200円前後もかかります。

こうしてちゃんと計算してみると、お得だと思っていた保険が、他の商品とそれほど変わらない値段になってしまうのです。さらに計算してみると、むしろこの保険は高いのではないか？とすら思うことになります。

1カ月4200円ということは、1年間支払うと4200×12＝50400円なので、約5万円。そしてこの保険を30年間続けると、5×30＝150万円となります。

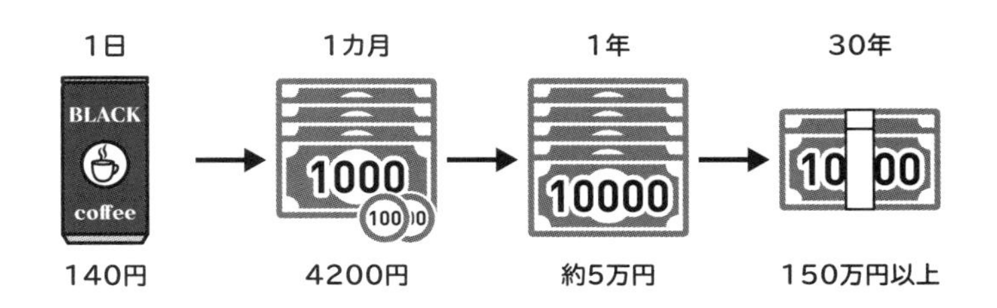

150万円となると、この広告の謳(うた)い文句「入院日額1万円」なら、入院日数は150日となりますが、150日も入院するのでしょうか？

いえいえ、そんなに入院しません。

厚生労働省の患者調査をざっくり見ると、入院日数は平均50日もありません。60歳を超えると入院日数は大幅に上昇しますが、60歳までだとそこまでではないのです。60歳までの払い込みまでこの保険に入り続けると、最終的には平均100万円以上損失する可能性があるわけです。

安いように見えてしまう広告であっても、油断してはなりません。説明したように、簡単な計算でわかることが多いので、きちんと冷静にシミュレーションすることが大切です。

最後に補足をします。実は、保険は数学的に計算すると確実に損をする商品です。どんなにお得に見えても、起こることが低確率で、あくまで**「万が一」に備える保険の場合、期待値や還元率は相当低く出ます**。

保険会社の保険の場合は、還元率が低い低いと言われる宝くじよりも低くなります。これは自動車保険も同様です。

しかし、損得で全てを判断できないのが保険。保険に入る目的は、確率は低いものの起きてしまうと大きな損害になってしまう、万が一のリスクに備えることでしょう。長期入院ともなれば莫大なお金が必要であることは、保険に入っても入らなくても変わりません。ただし、日本には高額医療制度もあります。このような制度も考慮して、保険への加入を検討してください。

機内の「お客さまの中にお医者さま」がいる確率は？

ドラマなどで、「お客さまの中にお医者さまはいらっしゃいますか？」と、乗務員が飛行機内の乗客に呼びかけるシーンがありますよね。

ドラマの中だけの出来事かな？　と思っていましたが、私も似たようなシーンを実際に見かけたことがあります。そして、私が見かけた現場では偶然にも医師がいて、一命をとりとめていました。

このようなシーンは、あまり多くない確率であると予想がつきますが、実際に医師が飛行機に搭乗している確率はどのくらいなのかを見ていきましょう。

厚生労働省の調査では、日本における医師の総数は約34万人です（2020年12月31日時点）。日本の人口は約1億2500万人なので、医師である確率は0.0272（0.27%）、医師でない確率は99.728%です。つまり、**日本人を1000人集めると2〜3人が医師で、997〜998人は医師ではない**計算になります。

もちろん生涯全く飛行機に乗らない医師もいますし、子どもが小さいときは飛行機に乗る可能性が低いと予想されますが、ここでは全員乗る可能性があるものとして考えます。今回考えるのは、乗客に1人以上医師がいる確率です。

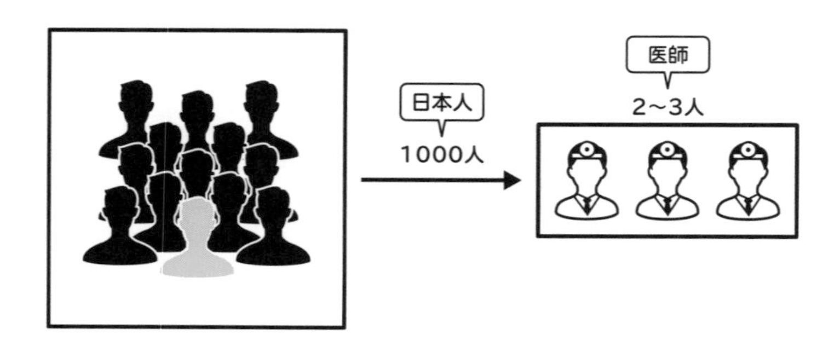

400人乗っている飛行機に1人も医師がいない確率は、0.99728を400回かけて33.6%です。つまり、大体3回のフライトに1回は、医師が不在となります。

逆に言えば、医師が1人以上乗っている確率は66.4%となるので、**3回に2回は医師が搭乗している**んですね。

機内の「お客さまの中にお医者さまがいる」確率

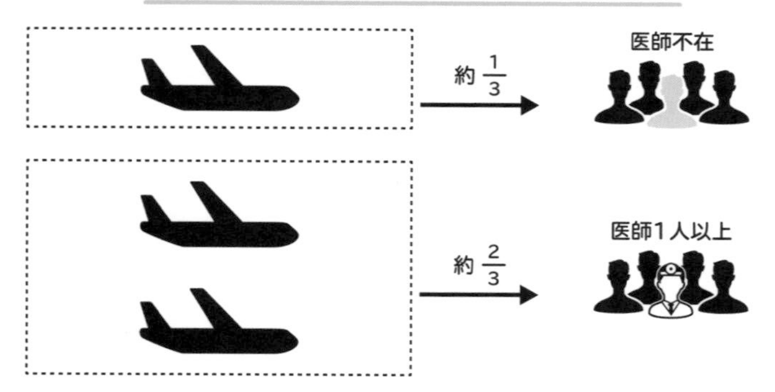

機内の「お客さまの中にお医者さまがいる」ケースは、とてつもなく低い確率ではなく、確率としては約2/3で、それなり

にある現象だったのです。

もちろん、実際には時期や時間で確率は大きく変動するため、この通りとは考えにくいです。例えば、平日であれば診察のため医師が搭乗している可能性は低くなりますし、学会などが開催される夏の時期などは、医師が搭乗する確率が上がる可能性も考えられるでしょう。

人気 YouTuber になれる確率は？

「1日あたりの交通事故の件数」や「書籍1ページあたりの誤植（ミスプリント）の数」など、起こる確率が非常に低いケースについて統計を取ると、**ポアソン分布**と呼ばれる分布に近くなることが知られています。レアな現象を計算するのは大変なことが多いですが、ポアソン分布を用いることで、計算が容易になるなどの利点もあります。

かつて、「馬に蹴られて亡くなった兵士の数」を調査・分析した統計学者がいました。この特殊ケースが、ポアソン分布の初の実用例といわれています。

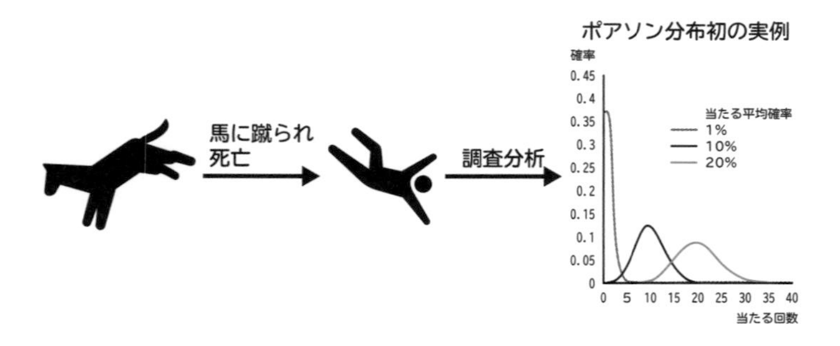

ポアソン分布の式は、次の例のような稀（まれ）に起こるケースの確率を求めるものです。必要な情報は**単位時間（1時間、1日、1年など）に起こる出来事の平均回数**です。

ポアソン分布を利用して確率を求められる例

- 1日あたりの交通事故の件数
- ある県における人気アイドルの輩出人数
- お昼（12時～13時）に電話がかかってくる回数

一定時間当たりの平均λ回起こる出来事がk回発生する確率

$$P(k)=\frac{\lambda^{k}e^{-\lambda}}{k!}$$

λ：一定時間当たりに起こる平均回数
k：出来事が起こる回数
e：ネイピア数（2.718…と続く数）

このポアソン分布は、単位時間を1日、1週間、1カ月、1年と広げていくことで、いろいろな予想ができます。例えば、住んでいる都道府県から人気YouTuberが輩出される確率を求めることもできます。

ネットで発信するYouTuberは地域に依存しないこともあり、地方出身・在住者が活躍している場合も多いです。そのためここでは、地方出身・在住者が人気YouTuberとなる確率を考えてみましょう。

例えば、A県では毎年平均3名が人気YouTuberになり、B県では毎年平均5名が人気YouTuberになっていたとします。すると、A県では95%以上、B県では99%以上の確率で、1名は人気YouTuberになる人が現れる計算になります。つまり、あなたの住んでいる地域でも、誰かが人気 YouTuber になると予想できるのです。

A県（毎年平均3名が人気YouTuberになっている）

人気YouTuberになる人数	0	1	2	3	4	5	6	……
確率（%）	4.98%	14.94%	22.40%	22.40%	14.80%	10.08%	5.04%	……

95%以上の確率で人気YouTuber誕生

B県（毎年平均5名が人気YouTuberになっている）

人気YouTuberになる人数	0	1	2	3	4	5	6	…
確率（%）	0.67%	3.37%	8.42%	14.04%	17.55%	17.55%	14.62%	…

99%以上の確率で人気YouTuber誕生

「ゼロ」であってゼロでない！
カロリー・カフェイン・糖質表記の罠

いつの時代も、健康は大事なテーマとして扱われます。健康を維持するためには、運動や食事だけでなく、普段から飲むものにも気をつけなくてはなりません。

そのためでしょうか、清涼飲料水やコーヒー、ビールなどの表記に、「カロリーゼロ・カロリーオフ」や「カフェインレス」「ノンアルコール」を多く見かけるようになりました。

コーヒーやビールなどを好きな人が健康診断で引っかかると、健康に気を使って控えるようになりますが、今まで飲んできた飲み物を急に一切断つというのは難しいもの。アルコールを控えてください、カフェインを控えてくださいと診断されていても、ついつい今まで飲んでいた飲み物に手を出したくなります。

そこで選択肢に挙がるのが、「ゼロ」「レス」「ノン」といった表記がなされている飲み物です。今まで飲んできたものを、積極的にこの「ゼロ」「レス」「ノン」と表記された飲料に代替すればいいのでは、と思うでしょう。しかし、ここに落とし穴があるのです。

飲み物の表記も、本書の最初で紹介した「降水確率０％」（10ページ）と同じで、０と表記されていても０ではないものが多々あります。そして、その表記基準が商品それぞれで違っているところが、これまた困りものなのです。

そこで、まずは飲料水に表記されている「ゼロ」「レス」「ノン」について説明します。

カロリーの表示は健康増進法で定められており、飲料水の場合は100ml当たり5kcal未満、食品の場合は100g当たり5kcal未満であれば「ゼロキロカロリー」と表記してよいのです。これは誤差を考慮して定められています。

また、「低」「オフ」「控え目」などの強調表示については、飲料水は100ml当たり20kcal以下、食品は100g当たり40kcal以下の基準を満たしていれば使用できます。

糖質についても基準があります。「糖質ゼロ」や「無糖」の表示は、飲料100ml、食品100g当たり0.5g未満です。
「糖質オフ」や「低糖」の表示については、飲料水の場合100ml当たり2.5g以下、食品の場合100g当たり5g以下で用いることができます。

表示の基準

	カロリー	
	ゼロ、レス、ノン	低、オフ、控えめ
飲料水(100ml当たり)	5kcal未満	20kcal以下
食品(100g当たり)	5kcal未満	40kcal以下

	糖質	
	ゼロ、レス、ノン	低、オフ、控えめ
飲料水(100ml当たり)	0.5g未満	2.5g以下
食品(100g当たり)	0.5g未満	5g以下

このように、カロリーゼロや糖質ゼロの表記がなされていても、厳密には0ではなく、微量ながらエネルギーや糖質が含まれている可能性があるのです。

「カロリーオフ」なのでカロリーをかなり控えめにできる、あるいは「ゼロ」と表示されているので、カロリーや糖質の心配はしなくて大丈夫、という考えは危険です。

マークシート試験を
勘で解いたらどうなるのか？

私たちの学習の定着度を測る方法の中で、頻繁に活用されているものがテストです。テストを行うことで、自分だけでは把握できない得意な部分や苦手な部分を、客観的に把握することができます。

もちろんですが、テストは採点がつきものです。そのため、受験者の人数が多い場合は、採点をするだけでも膨大な時間がかかります。

そこで採点の負担を減らすために、大学入学共通テストやTOEICなどではマークシート形式の試験を、就職時の適性検査であるSPIやITパスポートなどではコンピューターを用いたテストであるCBTを導入しています。

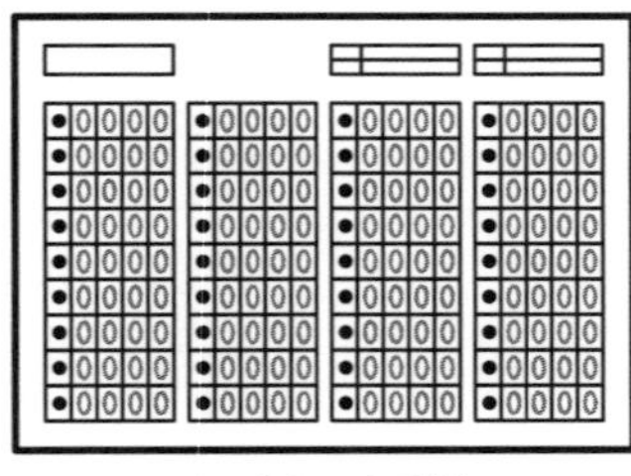

マークシート試験
（共通テスト、TOEICなど）

コンピュータ上でテスト:CBT
（SPIやITパスポートなど）

マークシートの試験やCBTを活用することで、採点者の負担や受験者の受験時間の負担などが軽減されますが、メリットがあれば必ずデメリットもあります。

例えば、心当たりのある方もいるかもしれませんが、どちらの試験方式も選択肢を設けた問題構成が多いため、わからない問題を勘で選んでマークし、偶然正解する可能性もあるのです。こうした形式で行われる試験の受験生の中には、試験問題がわからないから、全て「勘」で適当にマークしてしまおうと思う人がいるかもしれません。

つまり、記述式の試験であれば白紙で点数がない（0点の）はずなのに、マークシート試験の場合は勘がたまたま当たって点数を得てしまう可能性があるのです。そうなっては、試験が受験者の学力を正確に測定しているとは言い難く、信頼性の低いものとなってしまいます。

では、このように**全てランダムにマークした場合、点数はどうなるのでしょうか？**

まず正答の割合は、試験おのおのによって異なります。

選択肢が5つある場合、均等に正答が散らばるように配分されていれば、ランダムで正解する確率は単純計算で100％÷5＝20％に近づくことになります。しかし、実際には均等に正答

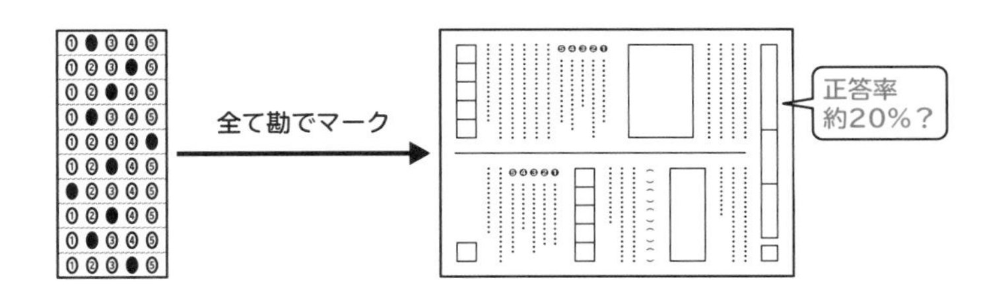

が散らばって作成されているとは限らないので、20% に近づくとも限らないのです。

また、選択肢が１〜５で５つある場合、受験生の心理と出題者の心理などの側面から、「3 が正解の場合が多い」などの話を、少なからず聞いたことがあると思います。ですがこれも、そうなるとは限らないのです。選択肢３が正解であることが多いというケースは、マークシート試験の出題者が、問題を作成してから正答を作って番号を当てはめる場合などが想定されます。

しかし、マークシート試験の正答番号を、制限なく自由に出題者が決められるとは限りません。マークシート試験によっては、問題作成前に正解の番号が割り振ってあり、「この問題はこの番号になるように正解を作ってください」と指示されるかもしれないのです。

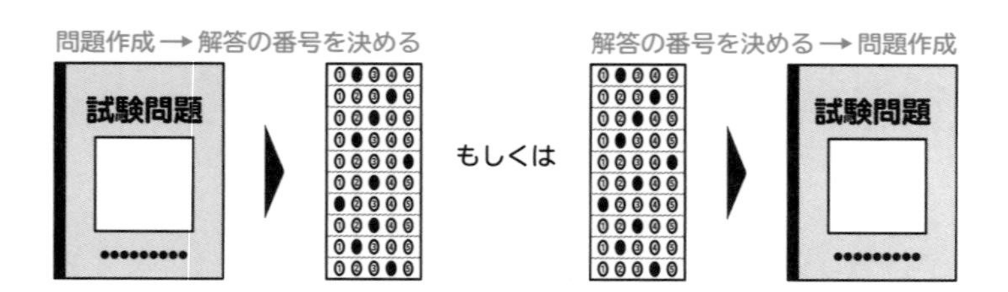

そのため、「心理的に１や５など端にある選択肢は少ない」というテクニックは、問題によっては通用しないということになります。もちろん過去の問題を分析して、傾向を調べる方法もあるのかもしれませんが、そのようなテクニックのための勉強をするよりも、きちんと勉強するほうが生産的でしょう。

そして、マークシート試験やCBTテストで、受験者側からは盲点になっていることがあります。

多くの人は、勘でマークして正答率が20%なら、得点も20%くらい得られるのでは？　と予想しそうですが、そうとも限りません。試験によっては、きちんとこの対策がされているためです。

以前から、マークシート試験やコンピューターを用いたテスト分析には、**項目反応理論**と呼ばれる理論があり、TOEICなどでも活用されています。

試験問題は、勘ではなく実力で解きます。普通、実力に応じて解ける問題があれば、それに似た問題（同じ難易度の問題）は正解するはずです。

しかし選択肢をランダムに選ぶ場合、同じレベルの問題が、当たったり外れたりと安定しません。選択肢が5つある似たような問題を3題出題したとき、3題とも勘で当たる確率は、20%を3回かけて0.8%（1/125：125回に1回の割合）なので、3題とも勘で正答するのは困難です。

そのため、項目反応理論などのテスト理論を用いることによって、勘で解いたのか実力で解いたのかを推測して点数に反映させることも可能になります。つまり、「勘で当たっている」と判断されれば、点数として反映されないという措置を取ることも、現代のテストではできるのです。

このような理論が背景にあるので、TOEICのスコアなどは信頼性が保たれているのですね。

第2章 カンニングを正直に答えさせるには？

～統計で全部推測できる～

外来魚を探せ！
海にすむ魚の数を推定する方法

「**ビッグデータ**」という言葉を耳にするようになって久しい昨今、ウェブ上にはさまざまなデータが溢れています。情報量の増加に応じてコンピューターの性能も上がり、解析ができるようになりました。ただし、欲しいデータが常にウェブ上にあるとは限らないので、データを自ら獲得していかなければならないときもあります。

しかし、欲しいデータの全てを手に入れようと思っても、困難である場合が多いのではないでしょうか。例えば、「ギョーザ消費量1位の県」「政権の支持率」「工場で製造される部品の不良品の数」など。国民にくまなくアンケート調査を行うことや、製品を全て調査するのは困難でしょう。

そんなときに活用するのが、統計学です。

統計学は、全ての情報を調べてデータを取る**記述統計学**と、一部を調べて全体を推定する**推測統計学**があります。なお、調査する集団全体を「**母集団**」と言います。

今回は推測統計学の推定の例として、**捕獲再捕獲法**を見ていきます。捕獲再捕獲法は、調査する地域に存在する生物の個体数を推定する方法です。人為的に持ち込まれると生態系に悪影響を与えてしまう、もともとその地域に生息していなかった外来種の数を推定する際などに活用します。

「記述統計学」と「推測統計学」

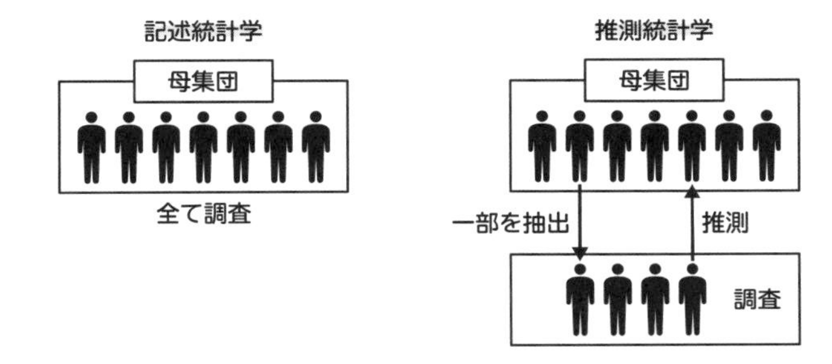

捕獲再捕獲法の手順は次のようになります。

1 湖から一部の魚を捕まえ、捕まえた魚に標識をつける
2 標識をつけた魚を湖に戻し、日数を置く
3 標識をつけた魚が散らばるのを待つ
4 再び一部の魚を捕まえ、標識のある魚の数を数える
5 データを基にその地域の生物個体数を推定する

捕獲再捕獲法の手順

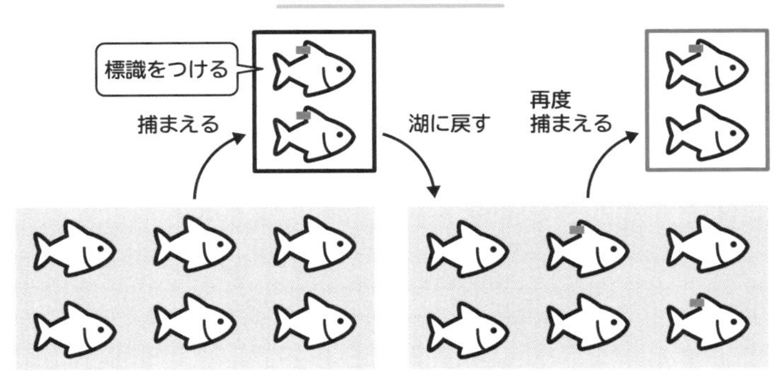

それでは、具体例を通して捕獲再捕獲法による推定を見てみましょう。ここではある湖にて、ある魚の個体数を推定するとします。なお、どんな方法にも長所と短所があるように、この捕獲再捕獲法にも弱点があります。標識をつけることが困難な生物や、ほとんど移動しない生物には向いていないという点には、留意してください。

まず、調べたい湖にいる魚を100匹捕まえ、背びれに標識をつけて戻します。一度目に捕獲して標識をつけた100匹の魚は、湖の中に散らばっていろいろなところへ動きます。この過程を経ることが重要です。

そうして再び100匹を捕獲します。そのうちの20匹に標識がついていたとすると、20/100匹＝20%の割合で標識がついていることになります。言い換えれば、この湖には調査したい魚が20%いると推定されるということです。

つまり、この湖全体の魚の数が推定できれば、調査したい魚

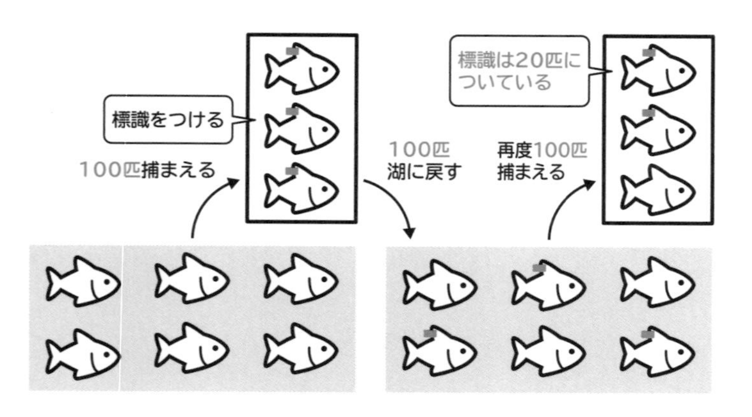

の数も推定できることになります。湖全体の魚数が6000匹だったとすると、調査したい魚の数は6000 × 0.2 ＝ 1200匹と推定できるのです。

視聴率の本当の意味

最近では、動画のサブスクリプションサービスが普及している関係で、スマートフォンで動画を視聴するのが当たり前になってきています。そのため、テレビをあまり見ないという世代もいます。しかし、2023年3月に行われたWBC（ワールド・ベースボール・クラシック）では、日本の全7戦の平均視聴率が40％を超えるほどの盛り上がりでした。この数字を見ると、完全なテレビ離れとは言えないでしょう。

テレビ番組をどのくらいの世帯が見ているかを表す指標に、「**視聴率**」があります。私たちがよく耳にするこの視聴率は「世帯視聴率」というもので、関東地区、関西地区、福岡地区……のように、全国を32地区に分けて調査しています（2023年現在）。

2020年からは、新視聴率調査が開始しました。自宅に複数台あるテレビごとに個人視聴率の調査が可能になり、人数だけでなく、性別や年齢層まで把握できるようになったのです。

総務省統計局のデータ（2020年）によると、日本には5583万世帯、東京都に限定しても700万世帯以上もあります。例えば、東京都におけるある番組の視聴率が20％であるなら、東京都では700 × 0.2 ＝ 140万もの世帯がその番組を見たと推定できるわけです。

視聴率は次の式で算出します。

視聴率＝番組を観ているテレビの台数÷全体のテレビの台数

視聴率は、全てのテレビを調査して出すのが理想です。しかし、先ほどの総務省統計局のデータの通り、全世帯を調べるにはコストと時間が膨大にかかります。そこで、全世帯を調べる**全数調査**ではなく、全世帯の中から一部のサンプルを取り出して分析する**標本調査**を行います。

そのとき、偏ったサンプルにならないようにすることが大事なのは当然ですが、サンプルの数がどの程度必要なのかというのも重要になります。10台、20台のサンプルでは心もとないですが、正確性を求めて10万台、100万台を調べるのは大変です。

そのため、コストと正確性を考え、地域ごとに視聴率を調べる台数を定めています。東京都の場合は2700台をピックアップし、ピープルメーターと呼ばれる視聴率を測定するための機械を設置します。なお、この2700台を、「**標本の大きさ**」や「**サンプルサイズ**」と言います。

当初東京都のピープルメーターの設置台数は600台でしたが、2016年10月から900台、2020年3月から2700台に増加し、視聴率の正確性を高めています。また、録画予約してテレビを見る人が多くなった背景を受けて、2016年からはタイムシフト再生が加味されるようになりました。2700台で約700万世帯を予想していると考えると、統計もフル活用されていますね。

標本調査

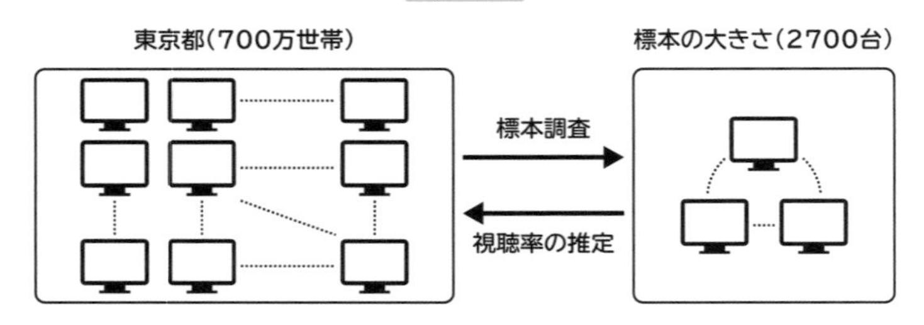

なお、リアルタイムの視聴率が13%、録画による視聴率が4%、リアルタイムで番組を見て、録画でも番組を見たときの重複視聴率が2%の場合、リアルタイムの視聴率と録画による視聴率を合わせた総合視聴率は、次の通りになります。

総合視聴率の算出法

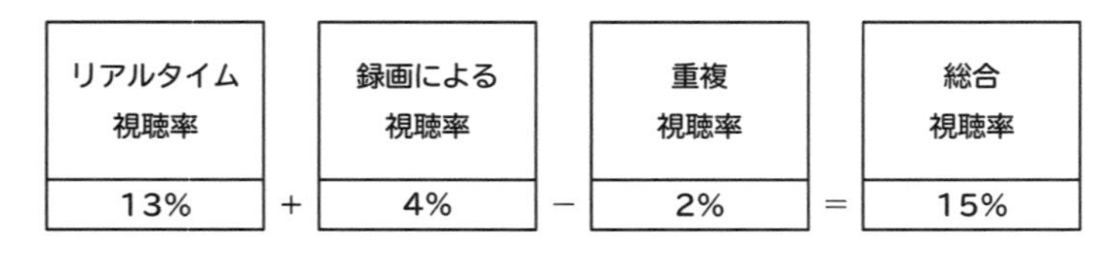

視聴率はこのように算出することができますが、この数値はあくまで推定値で、**「15%となる確率が1番高い」ことを示しているだけ**です。そのため誤差があります。このようにズバリ

推定することを**点推定**と言いますが、点推定は精度がよいわけではないのです。

そこで、精度を上げるための方法に、区間で推定する**区間推定**があります。実際にこの条件で計算してみると、約1.3%の誤差があると推定されます。つまり、「視聴率15%」は誤差の約1.3%を考慮すると、13.7%～16.4%の範囲内にある数値となるのです。

ちなみに、このピープルメーターが設置されている2700台は極秘です。設置されている世帯がわかってしまうと、番組製作者などから「この時間帯は、この番組にチャンネルを合わせてほしい」という依頼があるかもしれないからです。これでは、視聴率の公平性が失われてしまいます。過去に、探偵会社に依頼してピープルメーターが設置してある世帯を探し出し、金銭を払って視聴率を操作していたという事案もありました。そのため、ピープルメーターを設置する視聴者とは、その事実を外部に漏らさないよう契約が交わされています。

視聴率は、番組、ひいてはその番組の間に流れているコマーシャルメッセージ（CM）を見ている人数に直結するので、視聴率を測るシステムもきちんとしていないといけません。視聴率の調べ方にも、統計がさまざまなところで顔を出しているのです。

「内閣の支持率低下」は本当なのか？

「先月の世論調査では内閣の支持率が41％だったが、今月は4割を切って39％になった」などのように、日々のニュースで、内閣支持率の増減をよく耳にします。数値に着目すると確かに支持率は落ちているのですが、本当に落ちていると判断していいのでしょうか？

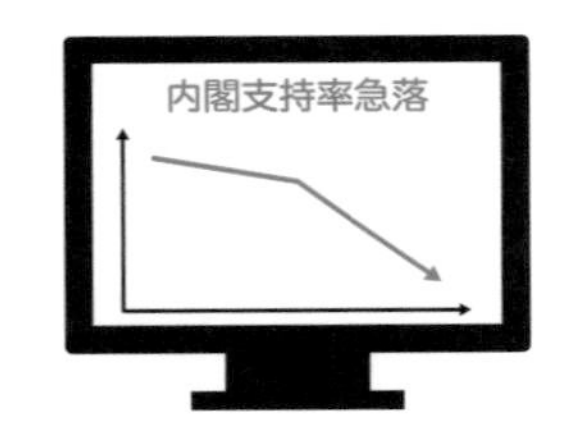

と言うのも、この内閣の支持率はテレビの視聴率と同様に、あくまで推定値だからです。よく考えてみれば、私は今まで現内閣を支持するかしないかを、誰かに聞かれたことはありません。同様に、ほとんどの方は聞かれたことがないのではないでしょうか？

そのため、この支持率が39％というのは、**単に「支持率が39％である確率が1番高い」と推定されているだけ**なのです。ただし、確率が1番高いと言っても、1点で推定するのは難しく、精度は高くありません。

そこで精度を高めるために、テレビの視聴率のように区間で推定するとどうなるのかを見ていきましょう。

世論調査の標本数を5000、有効回答数が2500（有効回答率が50%）として考えます。

推定である以上誤差はつきものですが、精度を90%、95%、99%などに設定することはできます。

95%の誤差は次の式で求めることができます。

$$標本誤差(95\%)=\pm 1.96\times\sqrt{\frac{p(1-p)}{n}}$$

回答数n=2500、内閣支持率41%（p=0.41）を上記公式に当てはめると、精度95%で、内閣支持率は39.1%～42.9%と求められます。「今月」の調査結果も同様に、回答数n=2500、内閣支持率39%（p=0.39）を当てはめると37.1%～40.9%となります。つまり、「内閣支持率が41%から39%の低下」は、精度95%で、「内閣支持率が“39.1%～42.9%”から“37.1%～40.9%”に変化した」こととなります。

内閣支持率

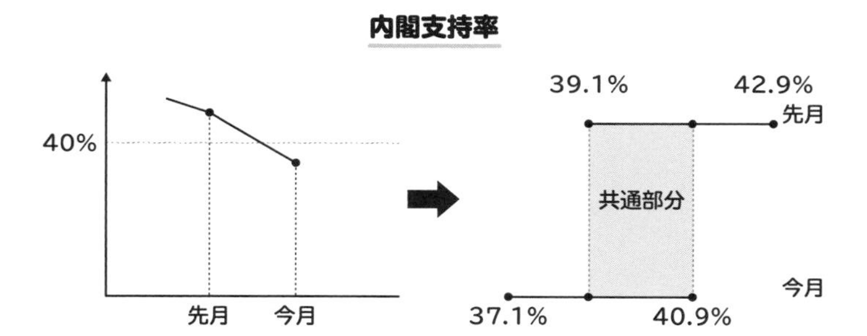

2つの区間は重なっている部分があるので、「低下した」とは一概に言えないのです。1点だけで推定すると下がっているように見えるものも、区間で推定して正確に判断する必要がありそうですね。

実はすごかった！
予測できない酔っ払いの千鳥足

酔っ払いがフラフラしながらあっちへこっちへとランダムに歩く姿は、やれやれ、危ないな……と思いつつも、どこかほっこりするのは私だけでしょうか。そんな酔っ払いの、ランダムでどの方向に進むか予測できず一貫性のない動きに関心を持つ人は少ないでしょう。

しかし実は、一貫性がない・作為がない現象だからこそ、確率を用いてさまざまなシミュレーションに応用することができるのです。

酔っ払いの動きのように、ランダムなステップの連続によって決まる経路を「**ランダムウォーク**」、日本語で「**酔歩**（すいほ）」と言います。

まず、簡単なランダムウォークである「**一次元のランダムウォーク**」から見ていきましょう。

一次元のランダムウォークは、線上の特定の位置からスタートし、左か右のどちらかに、等しい確率で一歩を踏み出します。コインをひっくり返して、表が出たら右へ、裏が出たら左へ移動する動きを想像してみてください。

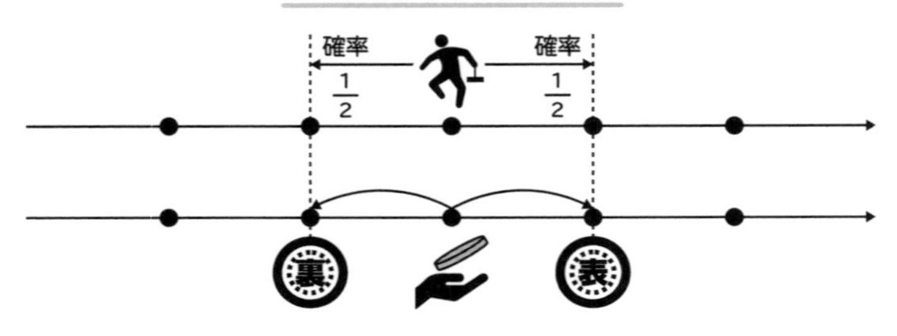

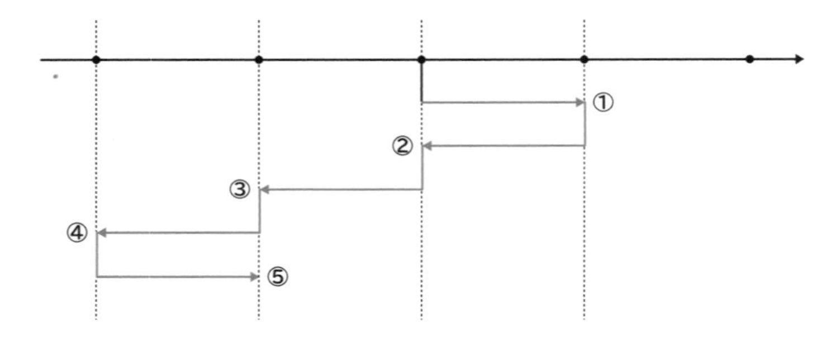

一次元のランダムウォークは直線ですが、**二次元のランダムウォーク**は平面上の運動になります。

平面上のランダムウォーク、つまり酔っ払いが動く位置は、歩数を重ねるにつれて、右図のようにスタートの位置からどんどんずれていき、ランダムに見えるようになります。

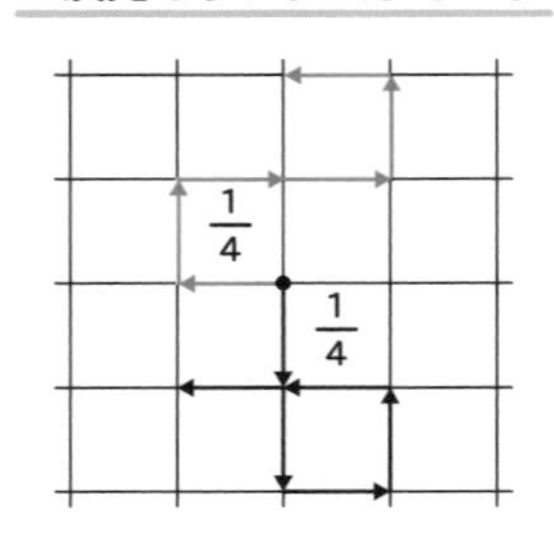

何にも活用できなさそうに思えるこのランダムウォークは、

ゲームを含むコンピューターサイエンス、気象などを含む物理、株式などを含む金融、交通、生物など、さまざまな分野で応用されています。

例えばコンピューターゲームでは、ゲーム上のキャラクターの動きをシミュレーションする際に利用されています。ランダムウォークを取り入れることで、「予測不可能なゲーム」を実現できるのです。

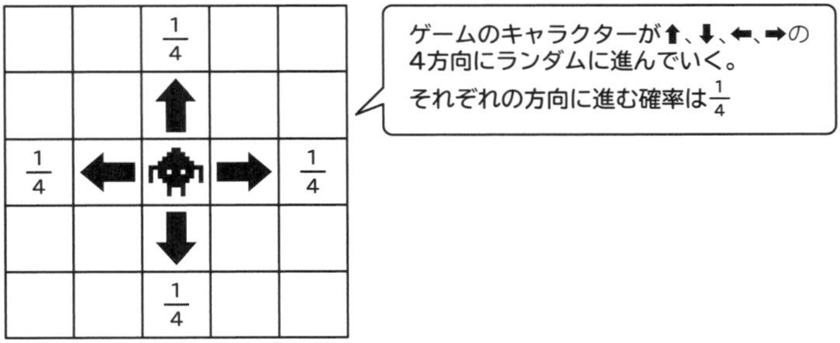

ゲームのキャラクターが⬆、⬇、⬅、➡の4方向にランダムに進んでいく。
それぞれの方向に進む確率は$\frac{1}{4}$

天気予報では、気団（広範囲で水平方向に広がる、ほぼ同じ性質の空気のかたまり）の動きや、その他の気象現象を予測するモデルに使用されています。

交通であれば、交通の流れや歩行者の動きをモデル化するために利用することができます。効率的な交通システムの設計や歩行者の安全性の向上に、ランダムウォークは役立っているのです。

「カンニングしたことある？」
答えにくい質問を答えさせる方法

あなたは、街中や利用した店舗、サービスなどで、調査やアンケートに回答する機会はあるでしょうか？

そうした場面で出される質問の中には、回答者が答えにくいもの、ウソをつきたくなるような繊細なものもあります。また、回答者は自分の本当の信念や行動ではなく、他人から好意的に見られるための回答をする傾向があるのです。

しかしそれでは、質問の回答がゆらいでしまい、正確な調査はできません。

そのため、調査や研究において参加者のプライバシーを保護しつつ、繊細な質問や個人的な質問に正直に答えてもらうために用いられるデータ収集法があります。「**ランダム回答法**」と呼ばれる手法です。

ランダム回答法は、その名の通り回答にランダムに不要な情報を入れることで、個々の回答の特定を困難にする方法です。

回答しづらい「カンニングをしたことがあるか」という質問を通して、ランダム回答法の仕組みを見ていきましょう。

もちろん、カンニングをしたことがあるかどうかを聞けば、したことがあったとしても「いいえ」と答えると思います。しかしそれでは、欲しい結果を得られません。そこで、ランダム回

答法を利用します。具体的に解説します。

ある調査者が、あるグループの学生が試験でカンニングをしたかどうかを知りたいとします。ただし、カンニングを認めることで、学生が何かしらの罰を恐れて虚偽の回答をするのは避けたいこととします。そこで調査者は、次のようにランダム回答法を使いました。

学生にコインを渡し、コインを投げてもらいます。そして、その結果を他人に明らかにしないようにします。

調査者は次に、「試験でカンニングをしたことがありますか」などの「はい／いいえ」の二者択一の質問をします。

そして、コインを投げた結果が「表」の場合、学生はカンニングの有無にかかわらず「はい」と答えます。コインが「裏」だった場合、学生はカンニングの有無を正直に答えるものとします。

ランダム回答法では、「はい」と答えた人の中で、誰がカンニングをしたことがあるのかを質問者は特定できません。そのた

コインが表だった人は「はい」と言ってください
コインが裏だった場合はこの質問に正直に答えてください

	カンニング無	カンニング有
表	「はい」	「はい」
裏	「いいえ」(本当)	「はい」

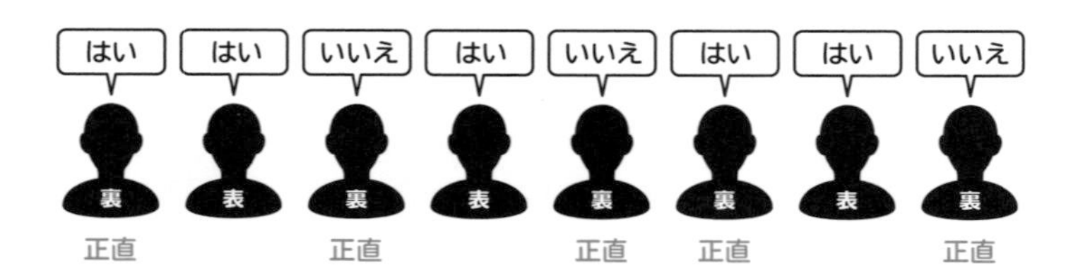

め、カンニングをしたことがある回答者は、正直に答えても大丈夫だと思い、素直に答える可能性が上昇するわけです。ランダム回答法を用いれば、自己申告のデータに頼ることなく、カンニング率の推定値を得ることができます。

では、どのように推定値を得ているのでしょう。具体的に数値を使って説明します。

例えば200人に調査をして、120人が「はい」と答えたとします。コインを投げると表が出る確率は1/2なので、100人はカンニングしたかどうかに関係なく無条件で「はい」と答えていると考えることができます。すると、残りの100人のうち20人が「はい」と答え、80人が「いいえ」と答えたことが推測できるでしょう。そして、「いいえ」と答えた人は裏が出た＝正直に答えている人なので、カンニングしていると推定できるのは

20人。つまり、カンニング率は20/100で20%とわかります。

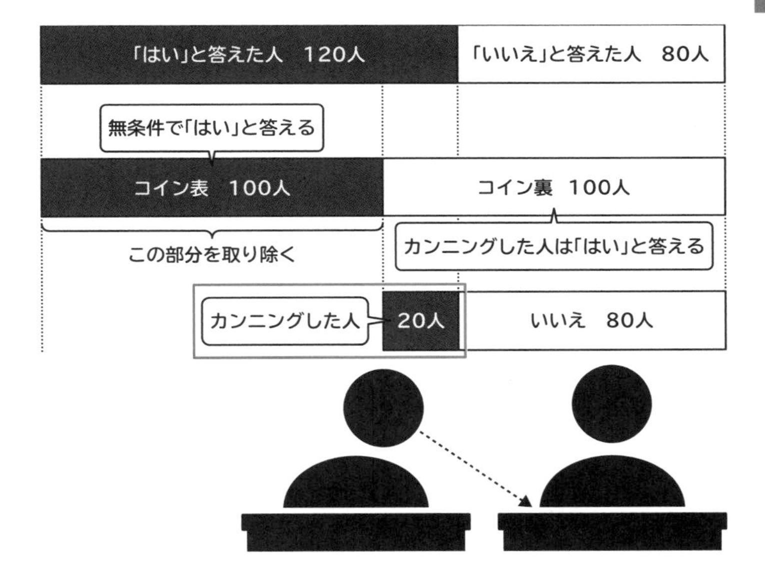

ランダム回答は、未成年飲酒、薬物の使用、性的行動、違法行為など、デリケートなテーマに関するデータを収集する場合に使用できます。また、曝露（ばくろ）や報復のリスクを最小限に抑えつつ、正直な回答を促す方法となります。

犯罪捜査において目撃者の証言はどのくらい信用できるか？

第1章で、ウイルスの感染率を推測する方法の例をご紹介しました。この手法は、犯罪捜査における目撃者の証言にも活用することができます。

活用例としては、「**タクシー問題**」というひき逃げの事例が有名です。第1章同様に、具体的な数値で見ていきましょう。

G社とW社という2つのタクシー会社が競合する街があるとします。G社はこの街のタクシーの85%、W社は15%を保有し、それぞれの会社のタクシーの色は灰色と白です。

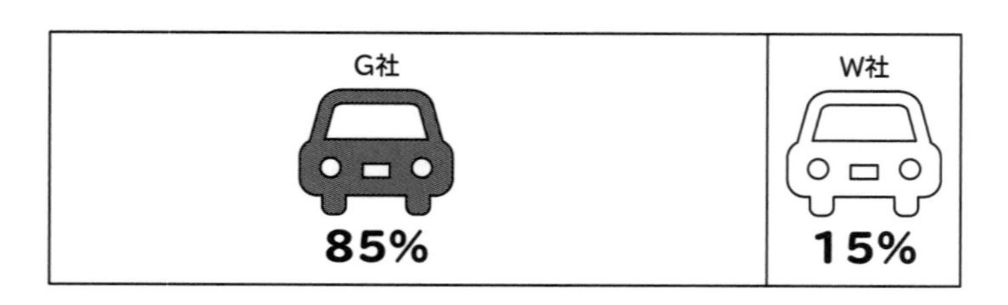

ある夜、あなたの車がタクシーに衝突され、そのタクシーが走り去ったとします。あなたは突然のアクシデントに慌ててしまい、「タクシー」であることはわかったものの、そのタクシーがG社とW社どちらの会社のものかはわかりませんでした。

不幸中の幸いと言うべきなのか、その事故を目撃した人がいて、「走り去ったタクシーの色は白だった」と証言しました。しかし、夜であったため、タクシーの色を見間違える可能性もあります。

このとき、ある調査によると、夜にG社の灰色のタクシーを見た人の70%は正しく灰色と証言しますが、残りの30%は誤って白いタクシーと答えることがわかっています。また、夜にW社の白いタクシーを見た人の80%は正しく白と証言しますが、残りの20%は誤って灰色タクシーと答えることがわかっているとします。

厳密には条件付き確率やベイズの定理(84ページ)を用いて計算するのですが、分数の分母と分子それぞれに分数が登場する「連分数」となるため複雑です。そこで、分数計算を省いて具体的に計算するために、思いきってこの街にG社とW社のタクシーを、合わせて1000台走らせましょう。

すると、1000台中85%の850台はG社の灰色のタクシーで、1000台中15%の150台はW社の白いタクシーとなります。

夜にG社の灰色タクシーを灰色と答えるのは70%なので、850台あれば、850 × 0.7 = 595台です。

夜にG社の灰色タクシーを白と答えるのは30%なので、850台あれば、850 × 0.3 = 255台です。

また、夜にW社の白いタクシーを白と答えるのは80%なので、150台あれば、150 × 0.8 = 120台です。

夜にW社の白いタクシーを灰色と答えるのは20%なので、150台あれば、150 × 0.2 = 30台です。

まとめると次の通りになります。

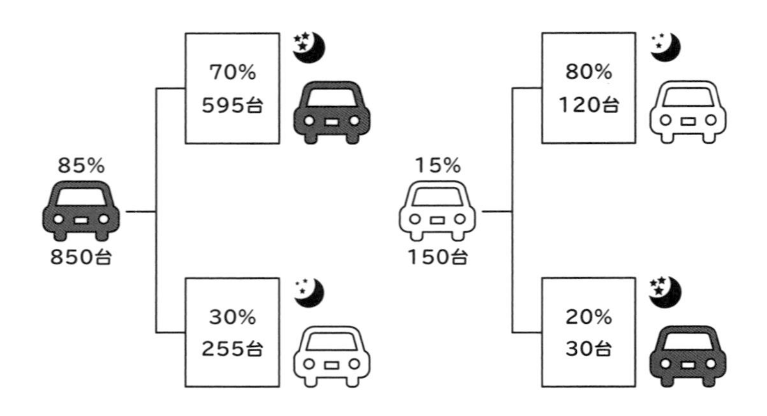

今回の証言は「走り去ったタクシーの色は白」でした。しかし、このときに考慮しなければならないのは、見かけた時間帯

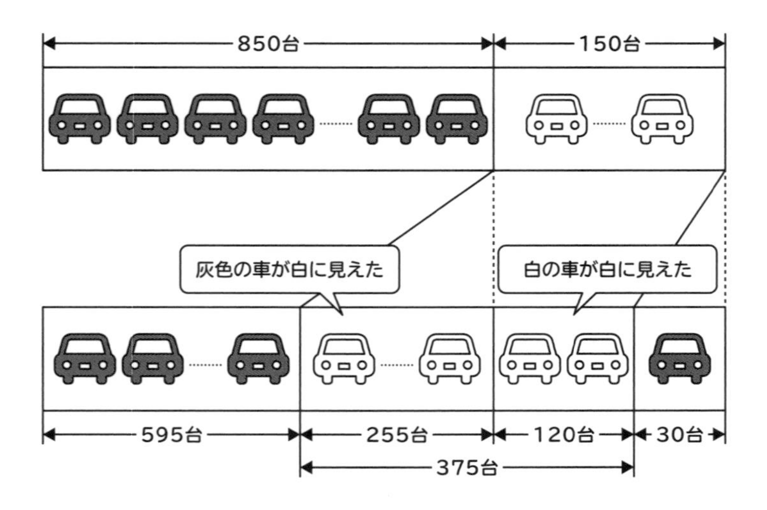

が夜だったため、灰色の車が白に見えたのかもしれないということ。実際に、1000台の車を走らせたとき「白に見えた」のは、W社の白いタクシー120台だけではなく、G社の灰色タクシー255台もあり、計375台になります。

そのため、白と証言されたタクシーが実際に白色である確率は、次の計算式の通り32%です。

$$\frac{120}{375}=\frac{8}{25}=0.32=32\%$$

これは裏を返せば、白と証言されたタクシーが、実際は灰色であった確率は100% − 32% =68%もあるということになります。

目撃者が白と証言しても、実際は白かどうか疑わしい、灰色のタクシーの可能性が高いという結論になるのです。

「オオカミ少年」を信じられるか？
ウソつきの数値化

「羊飼いの少年とオオカミ」の物語をご存じでしょうか？　ウソや偽りの主張を繰り返すと信頼を失っていくことを示す、古典的なエピソードです。簡単に説明しましょう。

村の少年が「オオカミが来た！」と2日に続けて叫びます。そのときはいつも村人たちが駆けつけてくれましたが、オオカミが来たというのはウソ。少年は慌てた村人を大笑いします。そして運命の3日目。本物のオオカミが現れ、少年は同じように「オオカミが来た！」と叫びますが、2度あることは3度ある……。村人たちは少年の言うことを信じず、またいたずらをしているのだろうと思い、助けには来ませんでした。その結果、少年の羊はオオカミに殺されてしまい、少年はウソをつくことの結果について厳しい教訓を得ることになるのです。

この物語は、**ベイズの定理**の考え方に関連づけることができます。

ベイズの定理とは、ある事象の確率が新しい情報に基づいて変化の度合いを説明するものです。このイソップ童話「羊飼いの少年とオオカミ」を例に、ベイズの定理を見ていきましょう。

この物語では、オオカミが羊を襲っていると叫んだ少年を、村人たちは最初信じていました。しかし、ウソが繰り返されるに従い村人たちは疑心暗鬼になり、少年を信じなくなっていったのです。これは、現実の状況において人の信頼性が、他人の発言を信じる確率に影響を与えることと似ています。ベイズの定理の、ある事象が発生する最初の確率が、新しい証拠や情報に基づいて更新されるというものです。

それでは、具体的に数値で見てみましょう。

羊飼いの少年がウソつきの確率を50%、正直者である確率を50%とします。羊飼いの少年がウソつきであるとき、オオカミが発見される確率を20%（発見できない確率は80%）、羊飼いの少年が正直者のときオオカミが発見される確率を80%（発見できない確率は20%）とします。

ある日羊飼いの少年が「オオカミが来た！」と叫び、村人が助けに来たもののオオカミが見つからなかったとします。この原因は、「少年が正直者だったけどオオカミが逃げてしまった」場合と、「少年がウソつきでオオカミがそもそも来なかった」場

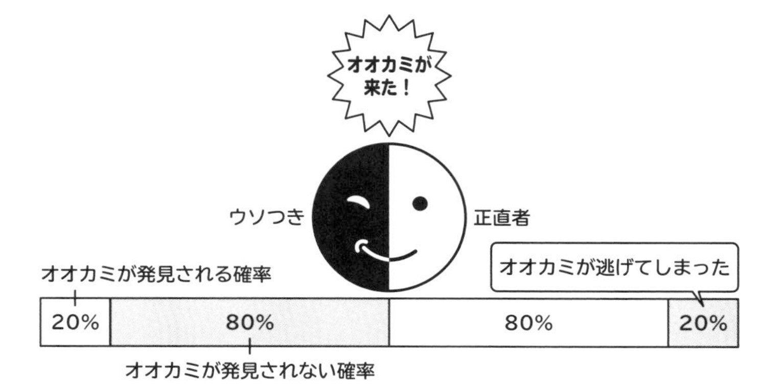

合の２つ考えられます。

羊飼いの少年を 100 人集めて状況を考えると、前ページの通りとなります。羊飼いの少年がウソつき・正直者である確率はそれぞれ 50% なので 100 × 0.5 ＝ 50 人です。

確率を計算してみましょう。オオカミが発見されないのは、羊飼いの少年がウソつきである場合の 50 × 0.8 ＝ 40 人と、正直者である場合の 50 × 0.2 ＝ 10 人です。羊飼いの少年がウソつきである確率は、

$$\frac{40}{40+10}=\frac{40}{50}=0.8=80\%$$

です。少年がウソつきである確率が 50% から 80% に上昇しました。同様に、2 度目に叫んでオオカミが見つからない場合、少年がウソつきである確率は 94.1% に上昇します。このように、ウソつきの度合いを数値化することもできるのです。

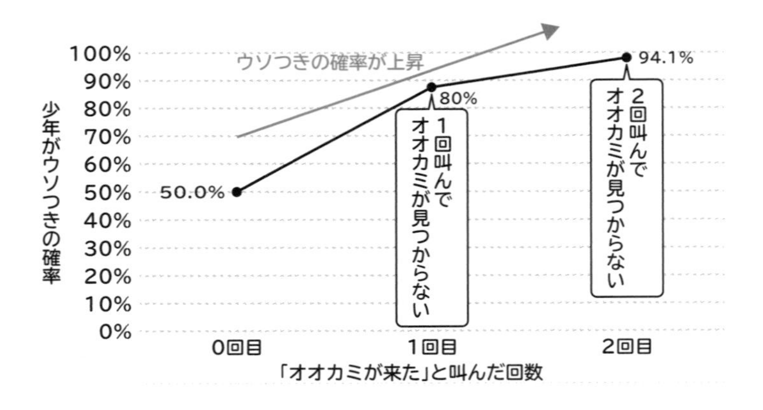

コンビニのくじが700円なのはなぜ？

コンビニでは定期的に、700円以上購入した人に対して、ランダムの商品が当たるくじを引けるなどのキャンペーンを行っています。では、なぜその多くが「700円」なのでしょうか？

500円や1000円のほうが、700円よりも切りがいいためお金も出しやすいはずですが、何か意味はあるのでしょうか。

ちなみにこのキャンペーンは、コンビニ大手のセブンイレブンが始めました。そのため、店名に関連させて700円にしたというのは考えられなくもありません。しかし、他のコンビニエンスストアも700円という値段でキャンペーンを設定していることが多いので、どうやら価格設定は店名によるところではなさそうです。

ではなぜ700円なのかというと、**客単価を考慮して700円以上の購入を条件にしている**と考えられます。

コンビニエンスストアにおける平均的な客単価については、正確な値はわかりませんが、おおよそ500〜700円程度です。特に1番コンビニが賑わう昼時は、500円前後のお弁当と150円前後の飲み物をワンセットで購入するお客が多いので、500〜700円に収まります。その金額から、お客にもう一声・もう少しお金を出してもらうためには、負担にならない程度での企画が必要となります。そこで活用されるのが、700円のくじなのです。

例えば、お弁当と飲み物を合わせて購入価格が650円になったとしましょう。700円でくじが引ける、クーポンがもらえる……となると、もう少し何か買おうかなあと思うのが人の心情。このときに、お金を出すハードルが下がるのです。

そして、ハードルが下がったこのタイミングで、購入額650円を700円にするのに丁度いいお菓子などが、レジの近くにひっそり・こっそりと置いてあるのに気がつくというわけです。

普段は10円、20円安くなることに価値を置き、安くすることに血眼になる人でも、くじを引くための「あとちょっと」のためなら、あっさりとお金を支払ってしまう。これを、**参照点依存性**と言います。

参照点依存性は、人が価値判断や意思決定を行う際に、特定の基準点や比較対象に依存する心理的現象です。これは、利得や損失、満足度などの評価が、絶対的な値ではなく、**参照点と**

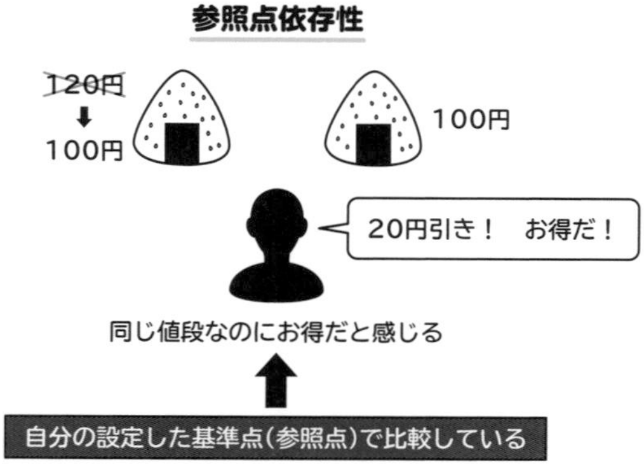

参照点依存性

~~120円~~
↓
100円

100円

20円引き！　お得だ！

同じ値段なのにお得だと感じる

自分の設定した基準点（参照点）で比較している

の相対的な関係で捉えられることを意味します。

もちろん、客単価は1年中変わらないわけではなく、時期や地域によって変動します。そのためコンビニは、最新のデータやトレンドを分析し、適切な時期にキャンペーンを設定することで、効果的な販売促進を行っているのです。

なお700円以上の購入を条件にしたくじ引きは、顧客に対してコンビニ商品の幅広さや新製品などをアピールする目的もあります。購入金額を700円にするために、コンビニ内の商品をあらかた確認する人が多いからです。また、くじを当てることができた顧客は、商品に対する満足度、リピート率が高くなる傾向があるため、顧客獲得や顧客満足度の向上にもつながっています。

しかし、このくじも徐々にクーポンに変わってきています。その理由の一つは、当たった商品を持ってくる人的・時間的なコストの問題です。

コンビニくじが好きで、毎回楽しみにしているという人もいるでしょう。その点で、コストがかかったとしても、くじがクーポンに変わっていくことには少し寂しさがありますね。

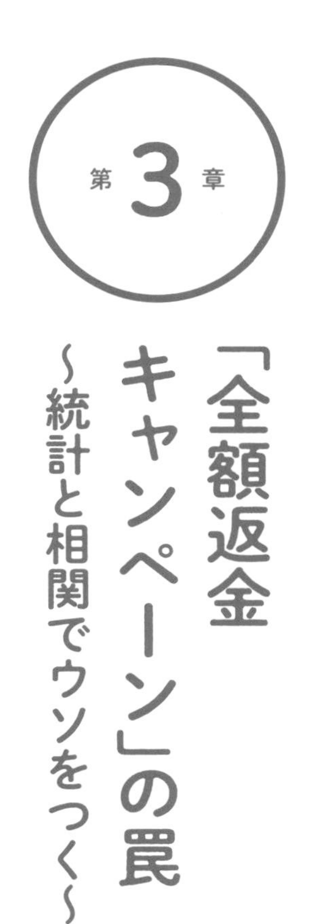

第3章

「全額返金キャンペーン」の罠

～統計と相関でウソをつく～

統計で騙されないために！
統計で騙す仕組みを身につける

統計は、雑多な数値を意味づけしたりグラフや表にしてわかりやすくしたり、一部から全体を予測したりと、正しく使いこなせば強力なツールとなります。その反面、使い方を間違えれば不正確に伝わることや、悪用して騙すツールとして活用することができます。

そのためここでは、適切に統計を用いるために、そして統計を悪用する人に騙されないために、統計データに対する心構えと、騙しやトリックの手法を見ていきましょう。

統計データの心構えと騙しの手法にアンテナを張ることで、統計で騙されないように対処することができます。

データで騙されないために	①統計データに対する心構えを持つ ②騙しやトリックの手法を知っておく

統計データに対する心構え

遅ればせながら統計データを読む際の心構えをお伝えすると、**データを批判的に、中立的に読むことが大切**であることが挙げられます。

統計データは現実と常に一致するわけではありません。書籍や新聞に書かれているデータは真実で正しいと思いがちですが、作成するのはあくまで人間なので、100%はありません。そのため、書籍や新聞に書かれているデータを鵜呑みにせず、検討することが大切なのです。

また、**「常識」や「標準」を知ることも大切**です。データに標準的なものとは違う革新的なものを目にすることもありますが、一部だけを都合よく切り取っている場合もあります。革新的なデータなのか、慎重かつ客観的に検討する必要があるため、検討するためにも常識や標準を広く知ることが大切です。

統計データを検討する際には、**データの5W1H**をチェックしてみましょう。5W1Hの情報が抜けているデータは曖昧なことが多いので、その場合は、データを慎重かつ客観的に検討する必要性も生じます。思っている以上に、5W1Hが明らかになっていないデータは世の中にたくさんあるのです。

データにおける5W1H

When:いつ	いつ収集・発表されたデータか？
Where:どこ	収集したデータの出所はどこか？
Who:誰	データの作成は誰か？
What:何	分析したデータは何か？
Why:なぜ	データ分析はなぜ行われたのか？
How:手段	データの分析手法は適切か？

統計データで騙す手法

統計は理解を促すツールです。例えばその際には、

1. **わかりやすい数値にする**
2. **表にまとめて集約化する**
3. **グラフにして可視化することで情報量を増やす**

などがあります。裏を返すと、数値にすること、表にすること、グラフにすることで騙すという場合もあるのです。そのポイントを見ていきましょう。

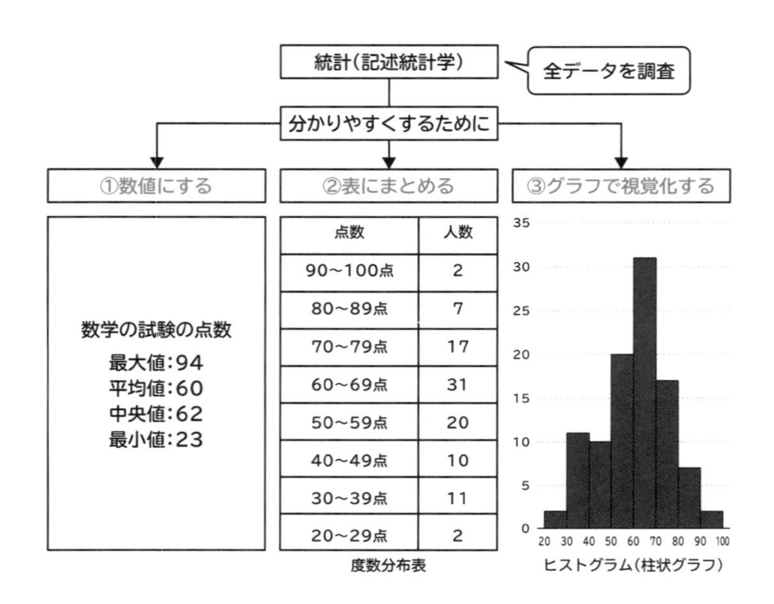

点数	人数
90〜100点	2
80〜89点	7
70〜79点	17
60〜69点	31
50〜59点	20
40〜49点	10
30〜39点	11
20〜29点	2

度数分布表

①わかりやすい数値にする「企業の平均給与は本当か？」

まずは数値にする部分を見ていきましょう。私たちが知っている統計量で真っ先に浮かぶのは平均値です。何かの分析をしようと思ったとき、まず平均値を求める人も多いかもしれません。

しかし、後述しますが平均値は、**外れ値**と呼ばれる極端な値があるとその値に引っ張られてしまいます。つまり、外れ値が存在する場合、**平均値は実際の傾向を正確に反映せず、データの全体像が把握できない場合がある**ということです。

例えば会社の給与で、一部の役員だけがとても多くもらって、他の多くの社員が少ない場合。平均給与は外れ値である一部の役員に引っ張られて高くなります。そのため、会社の平均給与は、会社によっては参考にならないデータになる可能性があります。平均が偏っているのかどうかを判断する場合、**中央値や最頻値など、他の代表値を求めることも大切**です。

②表にまとめて「整理」する

①で、データをわかりやすくする手段として数値化を紹介しましたが、数値化はわかりやすい反面、一部しかわかりません。そこで、データの全体的な傾向を「まとめる」ことでわかりやすくする手段が、表です。

例えば、数学のテストの点数を10点区切りでまとめて表にすることで、全体的な傾向がわかるようになります。

数学のテストの点数

平均60点、中央値62点

最高点94点、最低点23点

一部の情報

63,60,55,66,57,29,66,75,81,93,34,57,74,61,69,60,72,64,88,81,51,67,62,31,65,51,63,46,69,49,87,54,66,68,71,64,60,34,62,40,70,36,88,55,72,79,49,50,52,62,47,74,39,76,66,81,59,54,79,64,65,57,57,30,40,42,35,52,44,67,23,68,78,74,73,44,38,51,36,58,51,54,68,94,67,71,73,66,64,60,44,81,30,50,63,66,78,79,36,56

まとめる

度数分布表

点数	人数
90〜100点	2
80〜89点	7
70〜79点	17
60〜69点	31
50〜59点	20
40〜49点	10
30〜39点	11
20〜29点	2

例えば上記の場合は、60点台が多く、平均点の60点、中央値の62点も60点台に含まれています。表にまとめたデータをさらに分かりやすく視覚化する手段がグラフなのです。

③グラフで騙す場合の鉄則は「歪ませる」こと

詳細は第５章で説明しますが、グラフの歪ませ方は２つあります。

1 グラフを2Dから3Dにすることで遠近法を利用し、変動を

大げさに見せる

2 **グラフの縦軸や横軸の目盛りを0から始めず調整することで、データの変動や傾向を大げさに見せる**

その他としては、**サンプルサイズ（データの大きさ）の問題**と**相関関係と因果関係の違い**があります。

データが少ない場合、その結果が偶然によるものか、本当に意味のあるものかを判断するのは困難です。サンプルサイズを確認し、統計的な有意性（統計的に意味があるのか？）を検討する必要があります。

また、「2つの変数間に相関関係があること」と、「一方がもう一方の原因であること（因果関係）」は、必ずしも同じではありません。他の要因や偶然の関係を考慮することも大切なのです。詳細は後述します。

あなたの目の前にあるデータは正確に表現されているものでしょうか？　確認してみてください。

世論調査はなぜ間違えた？

衆議院などの選挙が行われるたび、テレビ局は特番を組んで速報します。その際、全部が開票されたわけでもないのに「○氏、当選確実」とテレビ画面にテロップが流され、選挙の様子を時々刻々伝えるのは選挙の風物詩かもしれません。

そんな選挙の速報ですが、**開票率が1%どころか0%の場合でも、「当選確実」**と出されて、候補者の「ばんざ〜い！」を放送することもあります。

報道機関が「当選確実」を発表するには、候補者が他の候補者に「確実に勝っている」という統計上のデータが必要です。この統計データを得るために行っているのが、第1章で説明した出口調査、事前の取材、世論調査などです。事前の取材では、報道機関の記者が候補者の選挙事務所などを回ります。事務所によっては「堅い票」の情報を持っていることもあるので、地道に取材で聞き出します。もちろん選挙が接戦になることも多くあるので、その場合は開票所でも直接調査します。開票所では2人1組となって、1人が三脚などの高台に立ち双眼鏡で投票用紙を確認し、もう1人が数を数えます。このような情報を基に、当選を予想しているのです。

事前取材

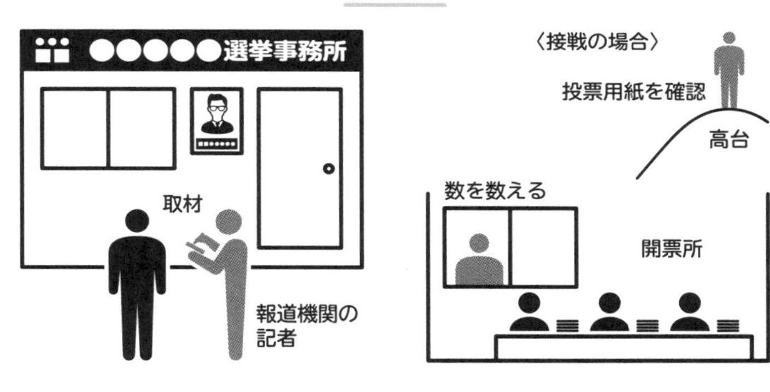

もちろん、当選予想が外れる可能性もあります。一度当選確実の速報が出ていた候補者が落選した例（当確誤報）は、近年の選挙でも少なからずありました。当選確実はあくまでも推定なのです。

統計手法で予想した結果が外れた有名な例として、1948 年の米国大統領選挙があります。この大統領選挙には、有力な候補としてトルーマン候補とデューイ候補がいました。そして、世論調査のパイオニアであるギャラップ社をはじめ、クロスレー社、ローパー社といった有名な会社が予想をしていました。

世論調査の結果では、次ページ表の通りギャラップ社とクロスレー社が約 5% ポイント差で、ローパー社は約 15% ポイント差でトルーマン候補者が負けると予想していました。ところが実際の結果は、約 4% ポイント差でトルーマン候補が勝ったのです。

1948年　米国大統領選挙

	実際の結果	世論結果による予想		
		ギャラップ社	クロスレー社	ローパー社
トルーマン候補	49.5%	44.5%	44.8%	37.1%
デューイ候補	45.1%	49.5%	49.9%	52.2%
その他の候補	5.4%	6.0%	5.3%	10.7%
合計	100.0%	100.0%	100.0%	100.0%

世論調査は、米国に限らず国民の意思を調べる大事な役割を担っています。世論調査の結果と実際の大統領選の結果がこんなに違うのでは、世論調査が国民の意思を反映できていないことになりかねず問題です。そのため、この予測が外れたことは深刻に受け止められました。

この1948年の米国大統領選挙は、さまざまな予想を覆してトルーマン候補が当選したため、「アメリカ史上最大の番狂わせの選挙」や「トルーマンの奇跡」などと言われたそうです。

そして予想が外れた原因は、このときの調査方法である**割当法**（わりあてほう）（quota sampling）にあったのではないかと分析されています。

割当法とは、有権者全体を年代、性別、地域別に分類し、そのボリュームに応じて調査対象者の数を割り当て、有権者全体の構成と同じになるようにして調査する方法です。

それまでの選挙で的中させてきた経緯があり、この選挙で予想をしているギャラップ社が飛躍した手法でもありました。しかし、その飛躍した手法の欠陥がこの選挙で表れたのです。

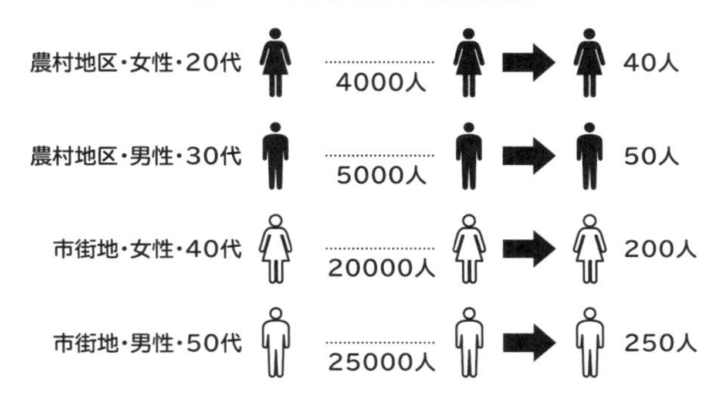

割当法の方法を見ても、特に問題はないもののように感じるかもしれませんが、なぜ予想は外れたのでしょうか？

それは、調査する相手を偏って選んでいたためと考えられています。この割当法は、分類された条件さえクリアしている調査対象者なら、調査する相手は誰でもよいことになっていました。つまり、**調査者が調査する相手を主観で選ぶことができた**のです。

自分で調査する相手を決めていいのに、わざわざ見知らぬ人や声をかけづらい人を選んで調査をすることはないでしょう。しかし「見知らぬ人や声をかけづらい相手は調査しない」となれば、調査が偏ってしまう可能性も大いにあります。

「ランダム」というのは、適当にやればいいと思われがちですが、そうではありません。本当にランダムを実現しようとするならば、選挙において見知らぬ人や声をかけづらい人にも声をかけて調査するように、多大なコストがかかります。コストを抑えようとすればするほど、ランダムではなくなってしまうことを物語る、歴史的な一例だったのです。

この選挙から、**無作為抽出**（**random sampling**）と呼ばれる、文字通りランダムに抽出する方法が叫ばれるようになりました。

それって本当にお得？
「全額返金キャンペーン」の罠

物価が高くなればなるほど、家計は圧迫されます。そこで気になるのは、割引やポイント還元、「○人に1人は全額返金」などのキャンペーンではないでしょうか。どのサービスも魅力的で、物価が高くなれば高くなるほど私たちの購買意欲を引き上げてくれます。特に、「○人に1人は全額返金」型のキャンペーンは、全額返金、つまり無料というキーワードが魅力的で、私もついついキャンペーンにつられてしまいます。

しかし、この「○人に1人は全額返金」のキャンペーンは多くの場合、割引やポイント還元と比べるとお得でない場合が多いのです。実際に見ていきましょう。

例えば「1万円の商品を購入する場合で10人に1人は全額返金」となるキャンペーン。10人が1万円の同じ商品を買ったとして考えてみましょう。

1/10の確率で1万円が全額返金されますが、この返金された分をあえて全員に再分配すると、1人の割引額は1000円です。確率の公式で確認すると、返金される額（期待値）は10000 × 1/10 = 1000円で、実に**1割引きと同じ**になるのです。

あちこちでお得なキャンペーンがある中で、「1割引き」では注目されません。そのため割引をうまく言い換えて、消費者を

「1万円の商品を購入する場合で10人に1人は全額返金」キャンペーン

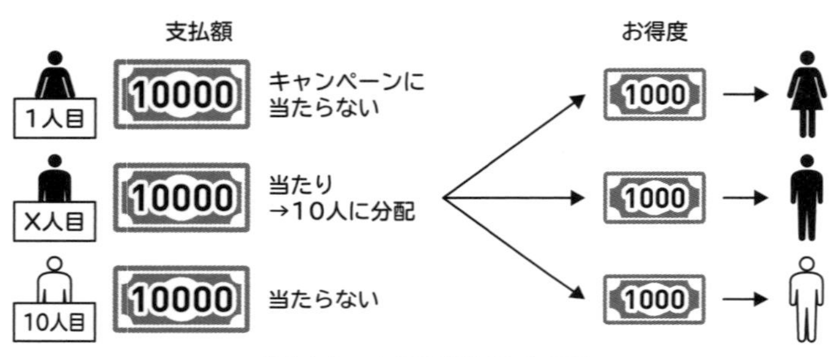

なんとたったの「1割引き」と同じ

引きつけるキャンペーンにしているのです。

「○人に1人は全額返金」を半額(50%割引)相当にさせるには、なんと「2人に1人を全額返金」にしなければなりません。そのようなキャンペーンを見たことがある人は、ほとんどいないのではないでしょうか。そのため「**○人に1人は全額返金」は、それほどお得ではない場合が多い**のです。

しかし、そこまでしなくても魅力的に見えるのは、やはり「無料」という言葉が含まれているからでしょう。

「○人に1人は全額返金」と「割引」の比較は、次ページ表を参考にしてください。本当にお得かどうかを判断するためには、「無料」という言葉だけに飛びつかず、普段から「**割引に換算するとどのくらいなのか?」を意識してみることが大切**です。

「○人に1人全額返金」と「割引」の比較

○人に1人全額返金	割引
10人に1人全額返金	1割引
5人に1人全額返金	2割引
10人に3人全額返金	3割引
5人に2人全額返金	4割引
2人に1人全額返金	5割引
5人に3人全額返金	6割引
10人に7人全額返金	7割引
5人に4人全額返金	8割引
10人に9人全額返金	9割引

「割引」と「ポイント還元」のお得度は？

「○人に1人は全額返金」は、思っているほどお得ではないということが、おわかりいただけたでしょう。それでは、「ポイント還元」はどれほどお得なのでしょうか？
「本日は10％ポイント還元感謝祭です！」のようによく耳にするキャンペーンなので、割引と同じように捉えている人がいるかもしれません。しかし実は、お得度に微妙な違いがあるのです。

お得度の違いを理解するために、1万円の商品について「60％引き」になった場合と、「60％ポイント還元」となった場合をそれぞれ考えてみましょう。
60％引きの場合、支払う価格は4000円です。割引に対し、

60% のポイントが還元される場合、「1万円支払うことで、6000円分のポイントが還元される」ので、「16000 円の商品を 6000円割引されて1万円で購入できる」と、「割引」を使って言い換えることができます。そのため、割引率を計算すると、

6000 ÷ 16000=0.375 で 3.75 割引きとなります。

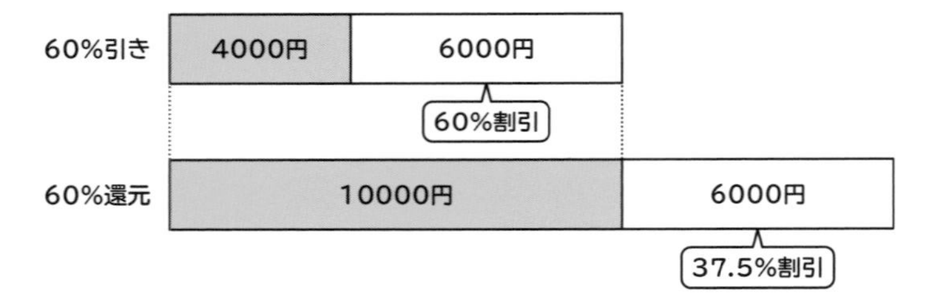

このようにポイント還元を割引に言い換えて考えると、「割引」と「ポイント還元」に差があることがわかります。

さらに極端な例で考えてみると、「割引」と「ポイント還元」の差が明確になります。「100％割引」と「100％ポイント還元」を考えてみましょう。

100％割引は、つまり「無料」です。しかしポイント還元は、100% であっても商品を購入しない限り還元されません。そのため**無料の「割引」と、支払いが生じる「ポイント還元」では、お得度に違いがある**ことはわかるでしょう。

具体的に、100％ポイント還元は割引に直すとどうなるのか

を考えてみます。１万円の商品が100％ポイント還元（1万円分）される場合、２万円の商品を１万円で購入したことになるので、「半額」となります。100％の場合、割引とポイント還元では無料と半額ほどの違いがあるのです。

下表は、割引とポイント還元を比較した結果です。

販売価格１万円の商品券を買う場合

ポイント還元分		実際に使える額	計算	割引に変換すると……
割合	金額			
10%	1000円	11000円	1000÷11000	9.91%
20%	2000円	12000円	2000÷12000	16.67%
30%	3000円	13000円	3000÷13000	23.08%
40%	4000円	14000円	4000÷14000	28.51%
50%	5000円	15000円	5000÷15000	33.33%
60%	6000円	16000円	6000÷16000	37.50%
70%	7000円	17000円	7000÷17000	41.18%
80%	8000円	18000円	8000÷18000	44.44%
90%	9000円	19000円	9000÷19000	47.37%
100%	10000円	20000円	10000÷20000	50.00%

ポイント還元の場合、還元率が高くても割引とは違いがあるので、本当にイメージしている安さになっているのか計算したほうがよさそうですね。

平均は弱点だらけ……なのに使う理由は？

平均点、平均身長、平均年収など、「**平均**」を用いた言葉は日常でよく耳にし、使用されています。平均は「データを全部加え」、「データの個数で割り算する」ことで求められます。平均は英語でmeanなので、頭文字の「m」で表すことや、ギリシャ文字の「μ」で表すことが多いです。

平均値は小学生も使うためなじみがあり、計算しやすく認知度が高いです。そのため「平均」と言って通用しないことはほとんどないほど、用語説明が不要な点は、平均の強みの一つでしょう。

しかし、平均の計算方法は知っていても、平均の意味やイメージ、弱みがあることを知らない人もいるかもしれません。そこで、ここではイメージをざっくり解説します。

平均はその名の通り、**データを平らに均す**ことです。例えば、次ページ図のように100mLの水と500mLの水があり、真ん中に仕切りがあったとします。この仕切りを取り除くと、300mLの位置で平らになります。このように、平らに均すことが平均です。

計算は次の通りとなります。

「平均」とは

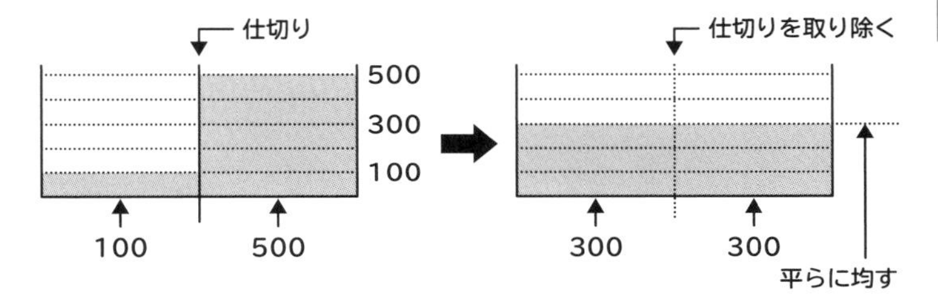

$$\frac{100+500}{2}=\frac{600}{2}=300$$

他の例も見てみましょう。下図のように40mL、70mL、50mL、80mLの水が、それぞれ仕切りで分けられている場合を考えます。この仕切りを取り除くと、60mLの位置で平らになるので、平均は60mLとなるのです。

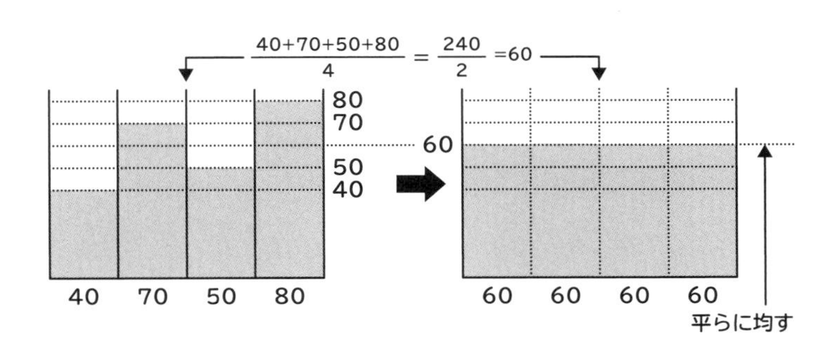

計算は次の通りです。

$$\frac{40+70+50+80}{4}=\frac{240}{4}=60$$

平均は、データを一言で要約する場合に適しています。特にデータが均一にバラついているときは、データの特性をよく表します。しかし、データが均一でなく特定の場所に偏っていると、平均が代表値として機能しなくなるのです。

また、データに外れ値や異常値などの偏りがあると、その値に大きな影響を受けるため、代表値としての意味をなさない場合があるということも押さえておきましょう。

外れ値の影響を受ける「平均寿命」

平均が外れ値の影響を受けている例として、江戸時代の平均寿命があります。

まず、平均寿命の定義から確認しましょう。平均寿命は、各年の**0歳児が何歳まで生きることができるのかを統計学的に予想した寿命**です。その年の亡くなった方の年齢（享年）を実際に平均した年齢ではありません。平均寿命は、あくまで0歳児の平均余命なのです。

例えば、2022年の女性の平均寿命は、厚生労働省が発表している簡易生命表によると87.57歳です。これは、2022年に生まれた女の子の赤ちゃんが「社会情勢などに大きな変化がない限りは、平均的に87～88歳まで生きられる」ことを予想したものです。

この平均寿命を使って、平均の弱点を見ていきましょう。

考える平均寿命は江戸時代です。江戸時代の平均寿命は文献によってさまざまですが、30代（32歳～44歳？）であったと言われています。医療の進んだ現在と比べるととても短命ですね。もし40代の某J准教授が江戸時代に生まれていたら、生存しているのでしょうか。考えてみましょう。

もちろん、江戸時代にきちんと全てデータが取れているのかどうかは疑わしく、だからこそ平均寿命が32～44歳（？）と範囲が広くなっています。ただここでは、過去のデータを信じることにしましょう。

平均寿命が32～44歳ということは、年齢が上がるにつれて亡くなる方が多くなるのでしょうか？

江戸時代の正確なデータはないので、手始めに現代の40歳までで死亡率が1番高い年齢を調べてみましょう。ちなみにこのようなデータは、政府統計の『e－Stat』にあります。

40歳までで、死亡率が1番高い年齢は次ページグラフの通りです。

医学が発達した現代でも、0歳児の死亡率は（40歳以下の中で）1番高いのです。それが江戸時代であったら、さらに高かったであろうことは想像できると思います。そのため平均寿命が低いのは、乳幼児の死亡率が高かったためと考えられます。乳幼児の死亡率が平均寿命を下げていたのです。

平均値は「平均寿命」の例の通り、外れ値に引っ張られる弱点があります。しかし、多くの方は平均値の計算方法は知っていても弱点を知らないので、本来適切ではないのに平均値の計算を行い参考にしてしまいます。

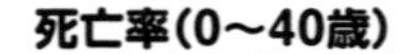

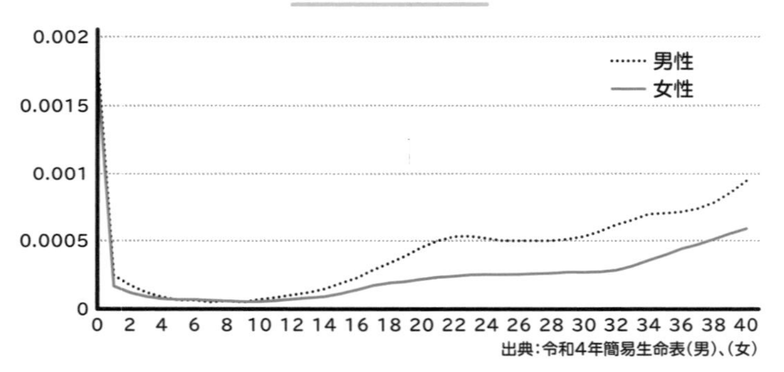

平均値が適切かどうかを調べるときには、データを大きい順もしくは小さい順に並び替えたときの真ん中の値である**中央値**を求め、比較します。中央値と平均値がかけ離れているときは、平均値が外れ値の影響を受けているので、中央値を参考にする必要があるのです。そうした「平均の弱点」をしっかりと把握して活用したいですね。

ちなみに、歴史に名を残した人物の享年を見ると、徳川家康は73歳、伊達政宗は68歳、伊能忠敬は73歳と、当時の平均寿命を大きく超えている人もいます。しかし、平均寿命はあくまでその年に生まれた0歳児が何歳まで生きられるかを表した指標なので、乳幼児の死亡率が高いと、平均は0に引っ張られて低くなるのです。

平均の平均はウソだらけ

前述したように、私たちは平均という統計量に小学生のころから触れているので、慣れている方が多いと思います。しかし、実は意外にはまってしまう間違いがまだあるので、ここでご紹介します。次の問題を考えてみてください。

ある高校の1学年はA、Bの2クラスがあります。数学のテストを行ったところ、Aクラスの平均は80点で、Bクラスの平均は20点でした。それでは、AクラスとBクラスを合わせた学年全体の平均は何点でしょうか？

結論から言いますが、「平均点はわからない」が答えです。

Aクラスが80点でBクラスが20点だから……と、きっと次のように

$$\frac{80+20}{2}=\frac{100}{2}=50$$

と計算して、50点と考えた方がいるかもしれません。しかし、これではダメなのです。なぜダメなのかというと、平均を求める場合は「データの合計」から「データの数（今回の場合は人

数)」を割りますが、どちらもわかっていないからです。データ数である人数がわかれば合計点も求まるので、平均点を求めるためには、AクラスとBクラスのそれぞれの人数の情報が必要となります。

ただ具体例がないとわかりにくいので、具体例を見てみましょう。まず人数の情報を追加します。Aクラスを50人、Bクラスを10人とします。そして、それぞれのクラスの生徒の点数を下の通りとします。

生徒の点数

クラス	人数	点数	平均点
A	50	63、76、85、91、88、58、65、69、75、100、90、90、70、64、95、63、91、99、84、61、93、98、81、68、96、71、74、98、99、93、97、93、87、73、88、86、67、82、56、99、63、55、85、68、56、92、79、95、74、57	80
B	10	23、20、18、15、22、25、32、11、22、12	20
合計	60	4200	70

A、Bクラスの生徒の点数を合計すると4200点で、人数は60人なので、平均点は4200 ÷ 60 = 70点です。先ほど計算した50点と大幅に違う点数になりました。この平均を**加重平均**と言いますが、この例のように、人数の情報がわからないと基本的には正確な平均は求まらないのです。

ただし、データの数の情報が具体的にわからなくても、A、Bクラスの人数は同じなど比率に関する情報があれば、平均は求めることができます。

なお、加重平均のイメージを図で見ると下図の通りです。点数を mL として、A クラスの人数と B クラスの人数比は 50：10＝5：1 であることを考慮しています。問題の解答として 50 点がおかしいことを、視覚的に理解することができるでしょう。

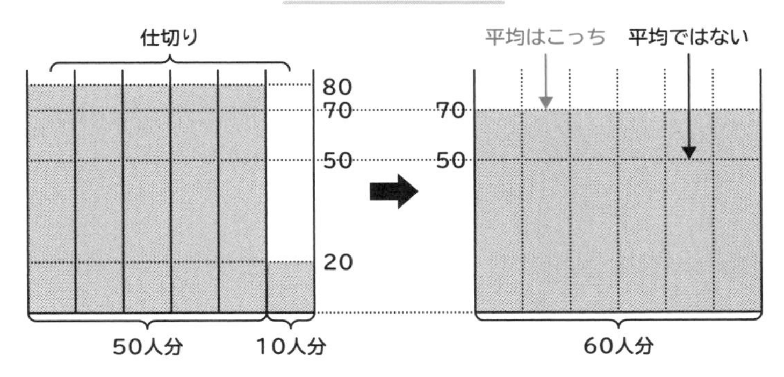

マンションのチラシにある罠

私たちの周りには、平均値の他にも**最大値**、**最小値**、**中央値**、**最頻値**などさまざまな統計量があります。

これらの統計量を実際の値で見るのにいい題材が、新聞などの折り込みにあるマンション広告の折込チラシです。

マンション広告折込チラシ

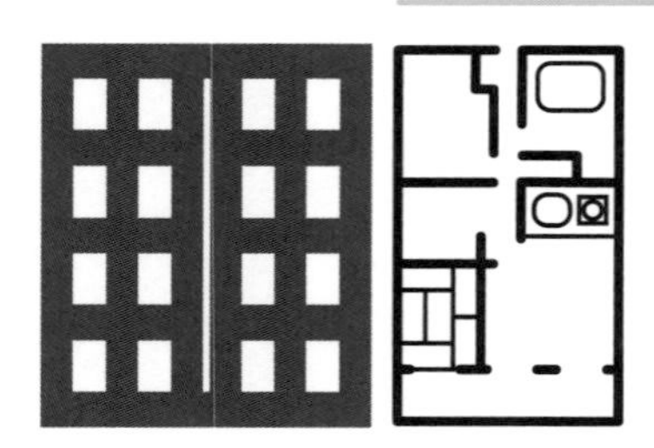

●販売戸数／10戸

●販売価格／2320万円(1戸)～
4720万円(1戸)

●最多販売価格帯／2700万円(6戸)

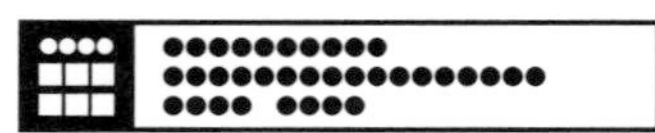

マンションと言えば、一戸建住宅と並び人生で1番大きい買い物の一つでしょう。マンションも一戸建住宅も現金で一括購入というのは難しく、ローンを組んで長期的に支払いを行う方が大半です。長期的に支払う人生最大の買い物だからこそ、販売価格に敏感になるもの。

しかし、マンションは新築の一戸建住宅と違い、販売戸数が1戸ではなく10戸、20戸、場合によっては100戸を超えます。そして、住戸によって広さ、日当たりがいいかどうか、景色がいいかどうかなどの条件が違います。そのため販売価格を一律に設定できず、2320～4720万円（10戸）のように範囲で設定されます。

この例のように、同じ建物内であっても値段に大きな幅があり、1番安い「最低価格」と、1番高い「最高価格」では倍違うこともあるのです。億の差がある場合もあります。仮に、最低価格に近い販売価格の住戸を購入しようと考えていたとしても、最低価格の住戸は1戸だけで、ほとんどが最高価格に近い住戸ばかりだった……となっては困ります。

そんな不安がないように、マンションの広告に掲載されている物件には、最も多い価格帯を「**最多販売価格帯**」として表記することになっています。この最多販売価格帯は、統計量の最頻値に当たるので、大体どのくらいの価格が多いのかを把握する際に役立ちます。平均は極端な値に左右されるため、マンションの価格でも参考にならないことがあり、最頻値である「最

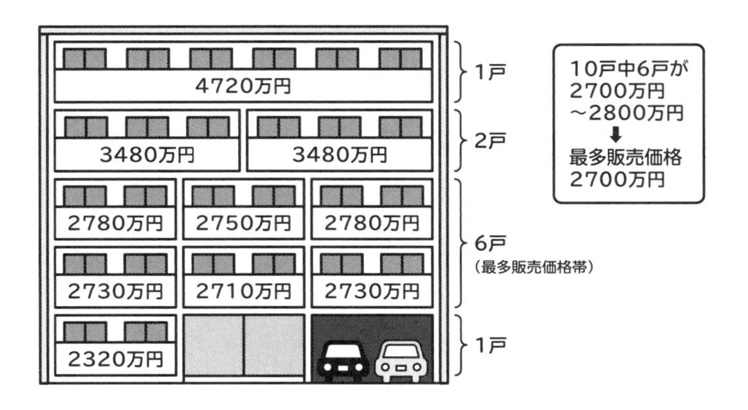

多販売価格帯」のほうが役立つこともあるのです。

なお、最多販売価格帯は100万円未満を切り捨てた価格が表示されます。そのため、販売価格帯が2320～4720万円のマンションで、2700～2800万円の価格帯が6戸で1番多い場合は、最多販売価格帯は2700万円（6戸）となります。

最後に、本チラシの場合は、平均販売価格は3048万円で、最多販売価格帯が2700万円なので、1戸1戸の価格は最低価格に近いものが多いことがわかります。

相関から外れ物を探せ！

ビジネスパーソンには、２種類のデータの関係性を調べたいということもあるでしょう。２種類のデータで、一方が変化したときにもう一方が変化する関係を**相関関係**と言います。

データをわかりやすくする手法は、図・表にすることや数値にするなどがありますが、相関関係をわかりやすくする方法は、図にする**散布図**と数値にする相関係数があります。ただし、相関関係がある場合でも、原因と結果の関係性である「**因果関係**」**があるとは限らない**点は注意が必要です。

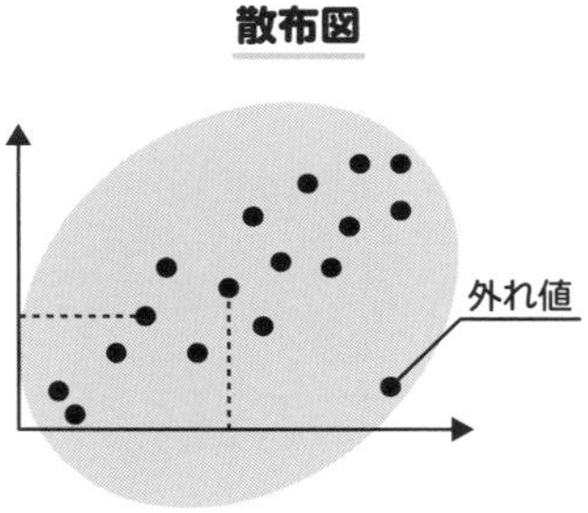

散布図の利点は、データがどのように分布しているかを直感的に理解することができ、データの特徴が把握しやすくなることです。特にデータの特徴としては、散布図を使って、データの中に外れ値があるかどうかを視覚的に確認することができます。外れ値はデータ解析において注意が必要なので、活用できるでしょう。

散布図

散布図は、Excel や Google スプレッドシートなどの表計算ソフトウェアで手軽に描くことができます。また、統計ソフトウェアやプログラミング言語（Python, R など）を使って簡単に作成できます。

２つのデータの関係を図で見る場合は散布図となりますが、数値で見る場合は相関係数を利用します。

相関係数は、２つのデータ間の関係の強さを示す統計的な指標です。身長と体重の関係のように、主に２種類のデータがどの程度関連しているかを数値で表すために使われます。相関係数は －１から１の範囲の値をとります。

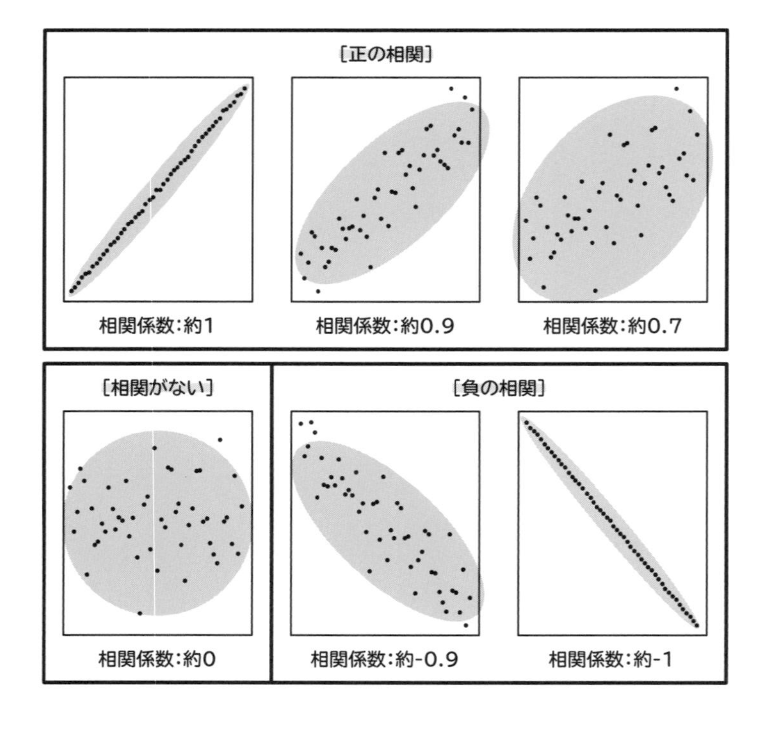

相関係数が0より大きい値の場合は正の相関となり、一方のデータが増えると、もう一方のデータも増える傾向があります。例えば、身長が増えると体重も増える傾向がある場合、正の相関があると言います。相関係数が0より小さい値の場合は負の相関となり、一方のデータが増えると、もう一方のデータが減る傾向があることを示します。例えば、勉強時間が増えると、テストでの失敗回数が減る場合、負の相関があると言えます。

ワインの価値を決めるものは相関だった

格付けをするテレビ番組などを見ると、世の中には驚くほど高価な商品が多々あることがわかります。価値や違いを見いだせる人が、一流なのかもしれません。

そんな一流だからこそ見分けられるものの一つに、ワインがあります。もちろんワインと言ってもピンキリ。コンビニで1本数百円で購入できるものから、ロマネ・コンティのように1本750mlで数百万円もかかるものもあります。

さらにワインは、生産された年や時間の経過によって味が変化するため、10年後は価値が上がる可能性もあり、さまざまな要因で味や価値が変わっていきます。

そんなワインの価値を決める方程式を打ち立てた人物がいます。その人物は、ワイン愛好家でもある経済学者のオーリー・アッシェンフェルター教授です。

アッシェンフェルター教授は、ボルドーワインに関係する要素を調査したところ、影響の強いものが以下の４つあることを突き止めました。これらは、ワインの原料であるブドウがつくられた年を基準とします。

1 **収穫前年 10 月～３月の雨量（A）**
2 **収穫年８月・９月の雨量（B）**
3 **収穫年４月～９月の平均気温（C）**
4 **ワイン製造後の経過年数（D）**

式にしたものは以下の通りです。

ボルドーワインの価格の予測方程式

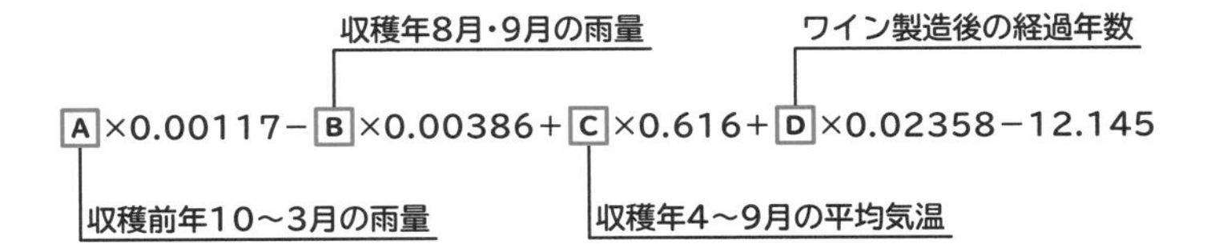

※価格は1961年の基準

この式から、**収穫前年の 10 月～３月の雨量が多いほどワインの価格は高くなり、収穫年８月・９月の雨量が多いとワインの価格は低くなる**ことがわかります。

また、**収穫年の４月～９月の平均気温が高くなればなるほど、ワイン製造後の経過年数がたてばたつほど、ワインの価格が高くなる**こともわかります。

ここでは結論をまとめて書いていますが、アッシェンフェルター教授は、「収穫前年10月～3月の雨量（A）と価格の関係」、「収穫年8月・9月の雨量（B）と価格の関係」のように、2種類のデータ間の関係を散布図（右ページ）から一つ一つ調べていきました。

これら2種類のデータを分析して関係性を調べていく統計的手法を、**相関分析**と言います。

アッシェンフェルター教授は、散布図からボルドーワインの価格の予測方程式を立てましたが、散布図上のデータを表す方程式を導く手法を、**回帰分析**と言います。

A「10月～3月の雨量」と「価格」の散布図

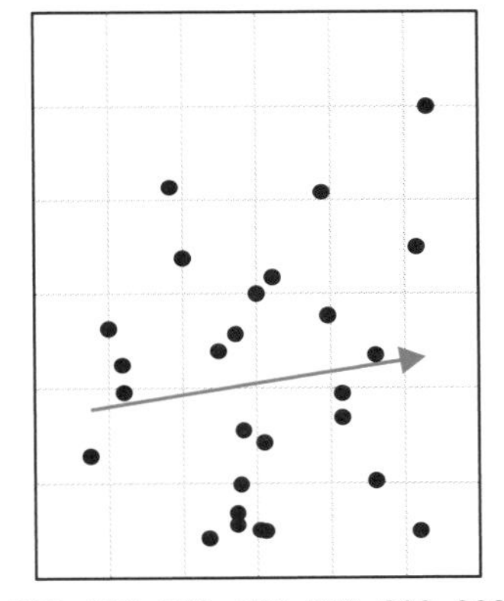

10月～3月の雨量が多いほど、ワインの価格が上昇する傾向「正の相関」

B「8月9月の雨量」と「価格」の散布図

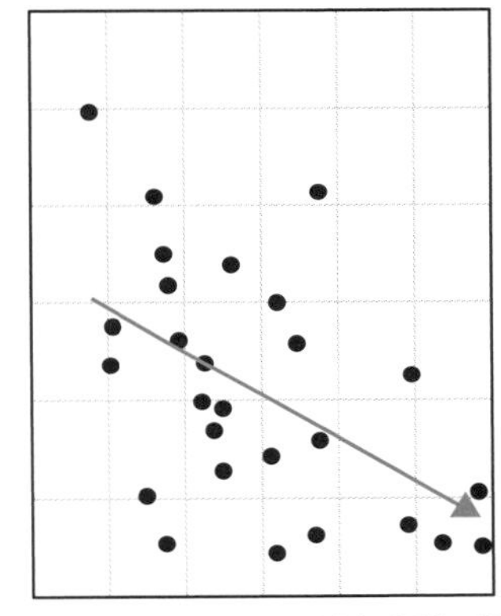

8月9月の雨量が多いほど、ワインの価格は下降する傾向「負の相関」

C「4月～9月の平均気温」と「価格」の散布図

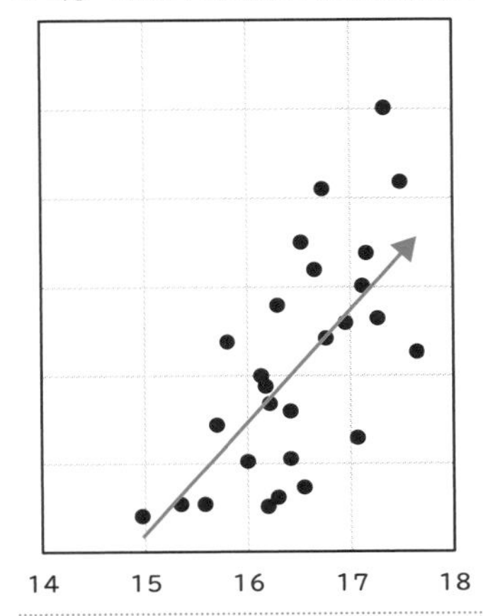

4月～9月の平均気温が高いほど、ワインの価格が上昇する傾向「正の相関」

D「ワインの年数」と「価格」の散布図

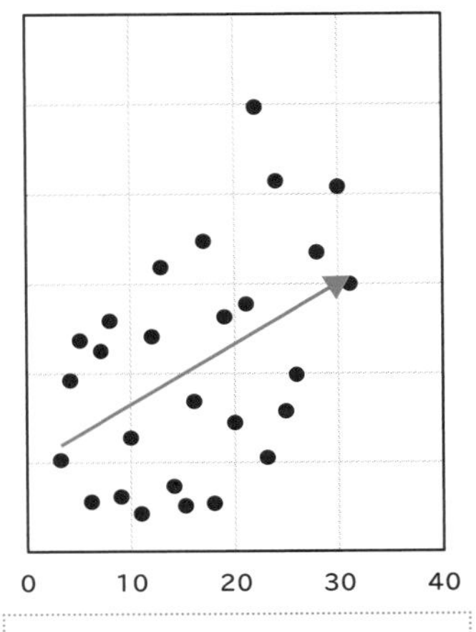

ワイン製造後の年数を経れば経るほど価格が上昇する傾向「正の相関」

関係性があるようでない？
ニセの相関「逆因果と交絡」

繰り返しになりますが、2つの変量に関係性があっても、因果関係があるとは限りません。ここでは、関係性があるようでないニセの相関の例「**逆因果**」と「**交絡**（こうらく）」を紹介します。変なトリックに騙されないようにしましょう。

逆因果とは、「原因と結果」の関係が逆さまになっている現象です。具体的には、「AがBを引き起こす」と考えるべきところを、誤って「BがAを引き起こす」と解釈する場合を指します。

逆因果

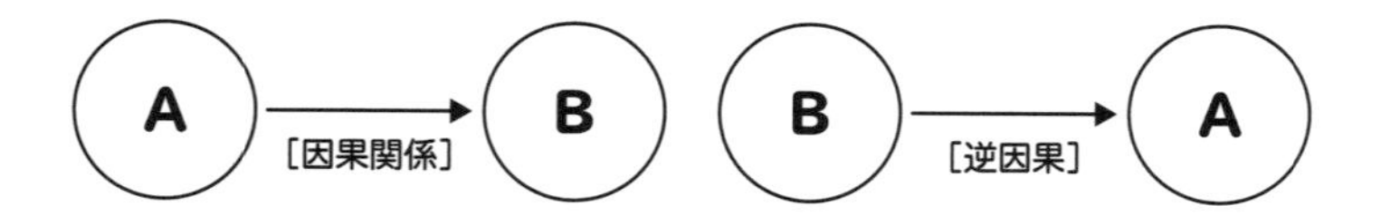

例えば、「警察署が多い地域では犯罪が多い」というデータがあったとしましょう。そのときに、「この地域は警察署が多いから、犯罪が多いのだ。実にけしからん」と解釈するのが逆因果です。

実際には、「犯罪が多いから、警察署を多く設置している」と考えるほうが自然です。

「消防署が多いから火事が多いのだ」も逆因果となります。

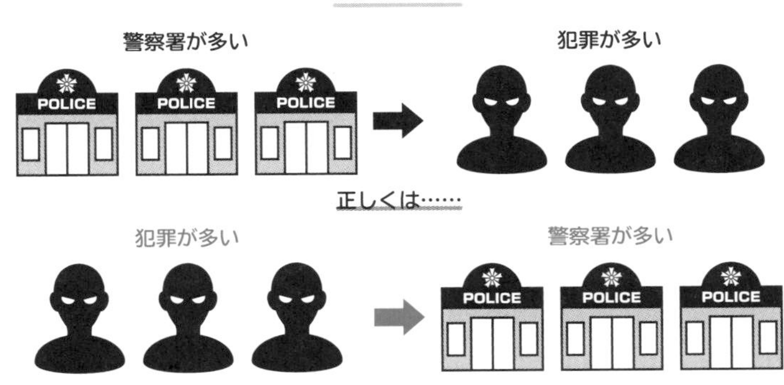

次に交絡です。交絡は、観察された相関が、実際には2つの変数（下図のAとB）間の因果関係ではなく、他の一つ（下図のX）またはそれ以上の変数の影響によって生じている場合を指します。このとき変数を**交絡変数**、または**第3の変数**と言います。

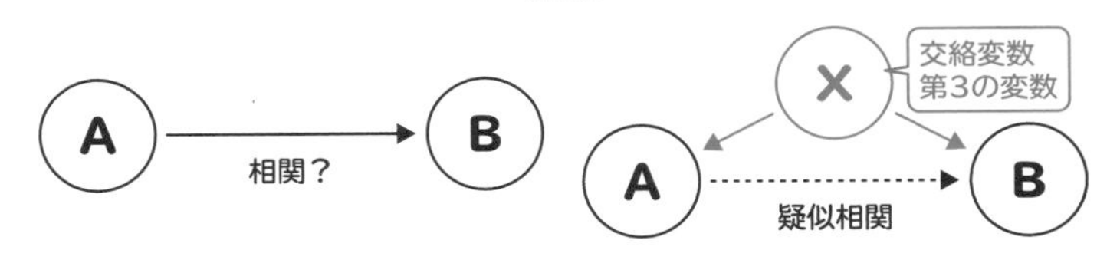

例えば「小学生の足の長さと計算力の関係」で、「足の長さが

長くなればなるほど、計算力が上がっていく」というデータがあったとします。「だから足の長さを伸ばせば、計算力も伸びる」と考えるのは無理があると思われた方もいるでしょう。

実際には、学年が交絡変数として関わっています。なぜなら、学年が上がれば上がるほど足の長さは伸び、学年が上がれば上がるほど計算力が伸びていくからです。

交絡の例

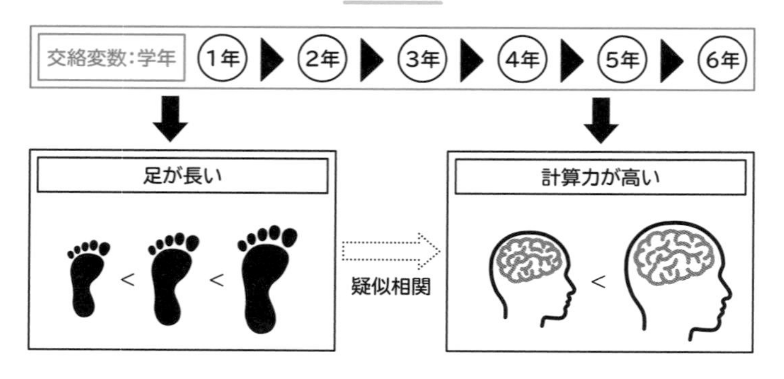

他の交絡の関係も見てみましょう。

「アイスクリームが売れたら、熱中症が増える」というデータがあったとします。このデータから、「アイスクリームが販売禁止」になるでしょうか。ならないでしょう。なぜなら、いずれも気温が交絡変数になっているからです。夏になったらアイスクリームの売り上げが増加し、夏になったら熱中症が増加するのです。

このように、相関関係と因果関係は異なる概念なので、データ解析や統計学を学ぶ上では重要です。

特に、ある現象の原因を調査するときには、単に相関関係があるからといって、それが因果関係を意味するわけではないことを念頭に置くことが大切です。

あの「ランダム」は演出だった!?
錯覚の逆利用

第４章始めの『ギャンブルの「ツキ」とは何か？』で紹介しますが、コインを投げたときの結果は、10回連続で裏になったり、７回連続で表になったりすることもあります。このように表や裏が一時的にでも偏って出続けると、「表もしくは裏が出やすいように意図的に何かを仕掛けているのではないか？」「何か意味があるのではないか？」と疑いたくなるものです。

本当はランダムに発生している現象をランダムではないと錯覚して、その現象にパターンや規則性を見いだす傾向を**クラスター錯覚**、または**クラスター錯視**と言います。これは人間の認知バイアスの一つです。混沌から秩序を生み出そうとする、人間の自然な傾向が背景にあります。

クラスター錯覚は、日常生活でも発生します。例えば、先ほど紹介したコイン投げの結果の他に、ロールプレイングゲームのランダムエンカウント（敵キャラクターに遭遇すること）などもそうです。

名作ロールプレイングゲームに『ドラゴンクエスト』がありますが、かつてのドラクエは、敵キャラクター（モンスター）とやたらエンカウントしたり、ほとんどエンカウントしなかったりと、バラつきがあると感じた人もいたのではないでしょうか。しかし本来のランダムには、このような現象がつきものです。しかしクラスター錯覚が働いて、エンカウント率が高い、もしくは低いと感じてしまうのです。

クラスター錯覚の別の例を紹介します。下の２つの散布図を見てください。ランダムになっているのはどちらなのかを尋ねると、右がランダムと答える方が多いです。

ランダムなのはどっち？

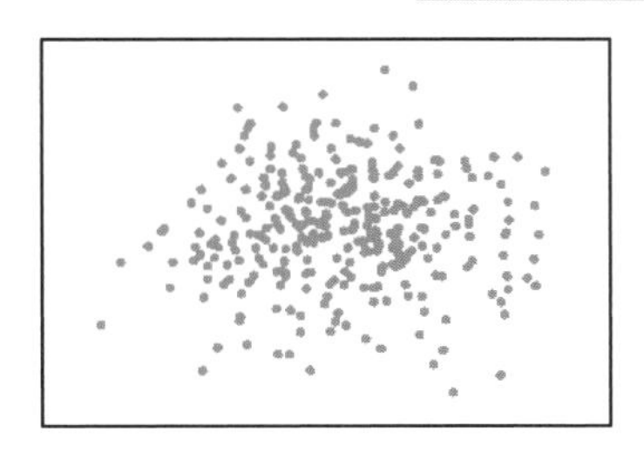
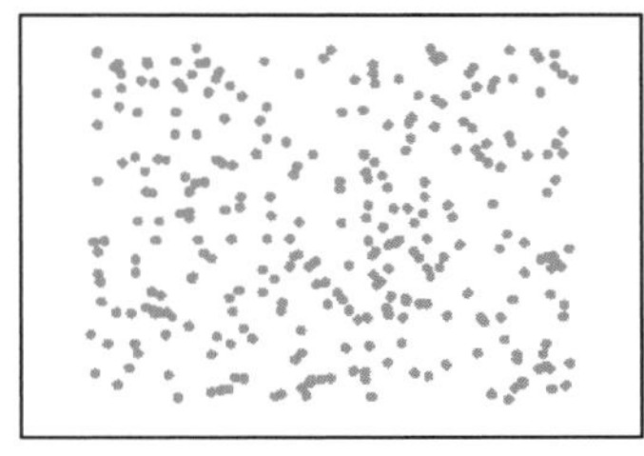

左側の散布図は中心に集まり、右側は満遍なく散らばっているイメージを持たれるかもしれません。しかし、本当は左側が、点をランダム発生してプロットした散布図で、右側は点と点がなるべく重ならないように作為的に作成した散布図なのです。

このように、私たち人間はいろいろな現象に錯覚をします。そのため、錯覚してしまう人間の特性を生かすことで、「ランダムを演出する」ことも可能になるのです。

例えば、スマートフォンなどで音楽のシャッフル再生を活用している人もいるでしょう。本来ランダムに「シャッフル再生」をすると同じ曲が再生されたり、特定のアーティストの曲だけが連続して再生されたりすることは多々あります。そうなるとクラスター錯覚が働き、ランダムに曲が再生されていると感じにくくなってしまいます。

そのため実は、同じ曲や特定のアーティストの曲が続けて再生されないようになっているのです。現在のロールプレイングゲームのエンカウントも、「ランダムさ」が感じられるように、いろいろな工夫がなされています。

さて、「ランダム」とは一体なんなのでしょうか。

相関があるのに、相関がない？

2つの量の相関を数値で表したものが相関係数だと前述しました。ただし相関係数は、あくまで直線の相関関係しか調べることができません。

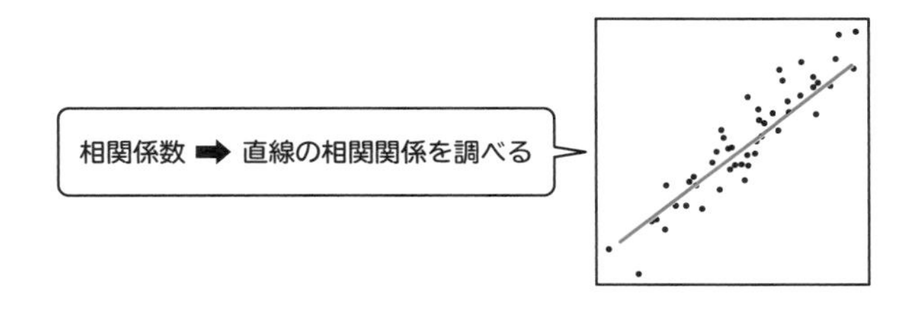

例えば、お風呂や温泉をイメージしてみてください。温度(℃)と快適さの関係を調べたいとしましょう。お風呂・温泉ともに、熱すぎても冷たすぎても快適ではありません。熱すぎず冷たすぎずの絶妙な温度36℃前後を「快適」と感じるわけです。

そのため、熱すぎる場合や冷たすぎる場合は「不快」となり、散布図にプロットしていくと次ページ図のように、直線ではなく曲線に相関していくことがわかります。曲線に相関するのですから、気温と快適さには関係性があり、データを集めれば快適さを示す予測式を立てることも可能です。ただし、相関係数は0に近づいていきます。

もちろん、昨今サウナブームで利用客が増加しているように、

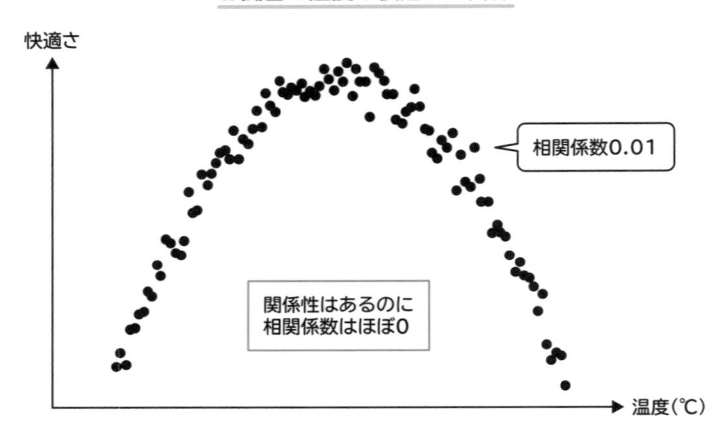

冷たすぎる水風呂や熱すぎる空間が好きだという人もいるでしょう。そのような方々は曲線に相関しないので、場合によっては外れ値として考えられますが、このようなケースも含めて相関係数が0に近づいていきます。

相関係数が0に近づくというのは、つまり2つの変数の関係が直線の形から遠ざかっていることを示しているのです。

最後に、相関係数は直線の関係性を数値で表したものですが、直線であっても例外は存在します。

例えば極端ですが、AとBの関係が横軸に平行な関係の場合（次ページ図の左側の例）や、縦軸に平行な関係の場合（右側の例）です。左下の例の場合、Aの値がどれだけ増加しても、Bの値が変化しないので、AとBに関係性はないと考えられるのです。

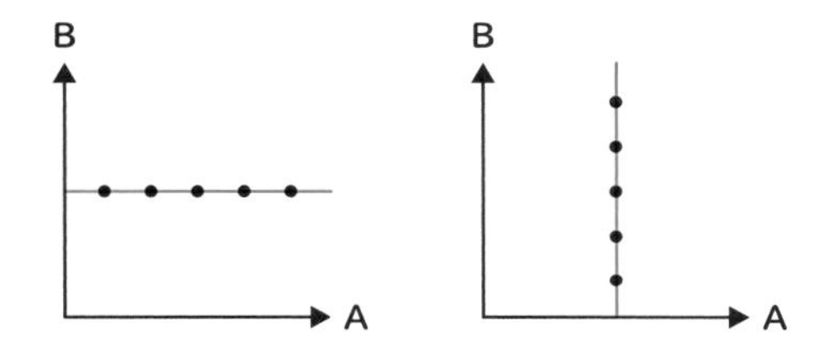
B
A
B
A

結果が大変化！
「全体を見るか、一部分を見るか？」

私たちは普通、全体にある傾向があると、一部分でもその傾向があると考えます。しかし、世の中には必ずしも納得いく結論が待っているとは限りません。場合によっては納得しにくい結論もあり、**パラドックス**などと呼ばれます。

統計にも、**シンプソンのパラドックス**と呼ばれる有名なものがあるので、ここで簡単に紹介します。

シンプソンのパラドックスとは、データの全体的な傾向が、部分的な傾向とは反対になってしまう現象です。これは、データを集約することによる偏りが生じるためです。統計的な分析を行う際に、これは大きな落とし穴となります。

では、具体例でシンプソンのパラドックスを解説します。

Aさんと Bさんが同じ数学の問題を20問、2日間かけて解いたとしましょう。回答数は次の通りです。

【1日目】Aさんが15問、Bさんが4問回答
【2日目】Aさんが5問、Bさんが16問回答

2日間とも次ページ表の通りBさんの正答率のほうが高かった場合、トータルでもBさんの正答率のほうが高いのでしょうか？

	Aさん正答率	Bさん正答率	正答率が高い
1日目	$\frac{13}{15} \fallingdotseq 86.7\%$	$\frac{4}{4} = 100\%$	Bさん
2日目	$\frac{2}{5} = 40\%$	$\frac{10}{16} = 63.5\%$	Bさん

しかし全体の正答率は下表となり、状況が変わります。

1日目2日目ともにBさんのほうが、正答率は高かったのに、全体ではAさんの正答率のほうが高くなったのです。

	Aさん正答率	Bさん正答率	正答率が高い
1・2日目合計	$\frac{15}{20} = 75\%$	$\frac{14}{20} = 70\%$	Aさん

シンプソンのパラドックスが起こる原因は、1日目、2日目の問題数、つまり**サンプルサイズが異なる**ことによります。全体的なデータを分析する際には、各々が適切なサンプルサイズで比較されているのかを確認する必要があるのです。

「センター試験の数学」と「二次試験の数学」には相関がない？

先ほどシンプソンのパラドックスを見てきましたが、データの一部を取り出して相関係数を計算すると、元の相関係数より低くなることがあります。この現象を**切断効果**や**選抜効果**と言います。

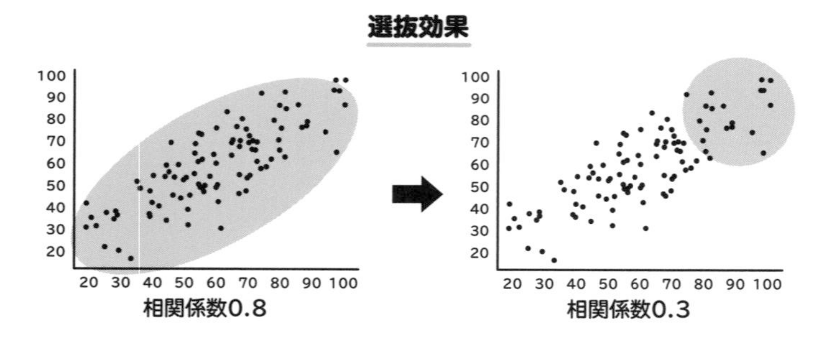

例えば、ある国立大学の学生の数学基礎学力を確認するとします。そこで、センター試験（共通試験）の数学 IIB の点数と、二次試験の数学の点数のデータを取得して相関を調べたところ、高い相関を示しませんでした。

確かに、センター試験の数学 IIB で高得点を取ったとしても、二次試験の数学でも高得点を取るとは限りません。

しかし、センター試験の数学 IIB の点数と二次試験の数学の点数が関連しないのであれば、そもそもセンター試験の数学 IIB

は意味があるのだろうか？　と疑問に思う方もいるでしょう。

本当にセンター試験の数学IIBの点数と、二次試験の数学の点数は関連しないのでしょうか？

この現象には、切断効果（選抜効果）が関係していると考えられます。

本当は下図のように、センター試験の数学IIBの点数がいい受験生のほうが、二次試験の数学の点数もよく高い相関になっているのかもしれません。

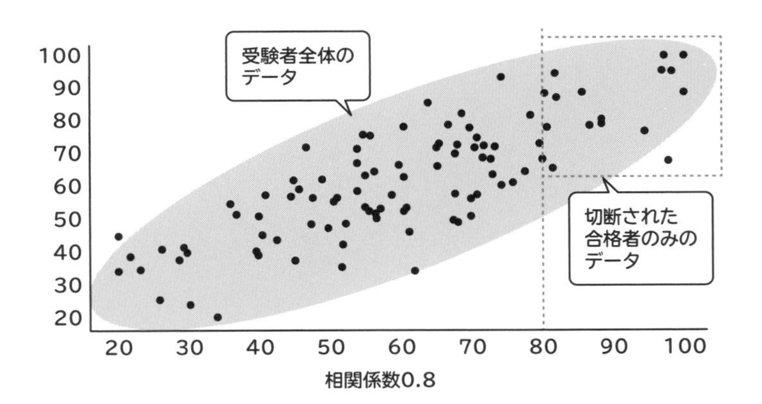

しかしこの例で考えてみると、例えば大学の学生のデータを調べるということは、上の散布図右端の「合格者のみのデータ」を分析していることになります。

合格者のみのデータを抽出して考えるため、散布図は円形に近くなってしまいます。つまり、受験生全体の相関係数が高かったとしても、**切断された合格者のみの相関係数は低くなって**

しまうということです。

この例のように、分析している者は、全部のデータを使っているからと思って分析していても、切断効果・選抜効果が起こり、結果一部のデータだけで相関係数を計算してしまっているという例も多々あるのです。

扱っているデータは本当に過不足ない「全体」になっているかどうかを確認して、データ分析を行いましょう。

ルーレットで客が負けるワケ

～確率と統計×ギャンブル～

ギャンブルの「ツキ」とは何か？

今日はツイている。今日はツイていない。

ギャンブルをして勝ち続けているときは、「運がよかった・ツキがあった」と感じます。反対に、負けが続くと「運が悪かった・ツキに見放された」と思います。

このようなツキの正体とは、一体何なのでしょうか？

例えば、コインを1000回投げれば10回連続で表や裏が出ることは一度くらいあるかもしれません。

コイン投げで10回連続で表や裏が出るように、偏った・バラついた場合も含めて、平均すると500回近くは表が出て、500回近くは裏が出ることになります（つまり、表・裏の出る確率は1/2）。この現象を**大数の法則**と言います。大数とは大きな数のことで、コインを投げたり、サイコロを振ったりするなどの**試行回数を増やせば増やすほど、私たちが予想する数値に近づいていく**のです。

次ページのコイン投げのシミュレーションをした結果を見ると、投げた回数が少ないとき、例えばコインを投げた回数が10回のときは、表の割合が0.3、裏の割合が0.7のようにバラつくこともあります。しかし、10回から100回、100回から500回、500回から1000回とコインを投げ続けると、表・裏の出

コイン投げのシミュレーションをした結果

表を●、裏を○とします。□は、6回以上連続で表・裏の場合

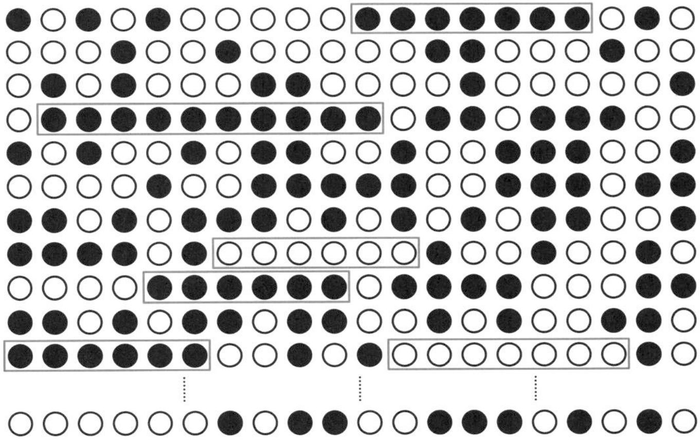

●○●○●○○○○○●●●●●●●○●○
○○○●○○●○○○○○●●○○○●○○
○●○●○○○●●○○○○●○○○○○●
○●●●●●●●●●●○●●○●●●○○
●○●○○●○●●○○●○○●●●○○●
○○○○●○○●●●●●○○●●●○●●
●●○●○●●●○●○●○●○●●○○●
●●●●○●○○○○○○●○○●○○●○
○○○○●●●●●●○●●●●○○○●●
●●○●○●●○●●○○●○●○○●●○
●●●●●●○○●○●○○○○○○○●○
⋮
○○○○○○●○●●○○●●●○●○●○

コインを投げた回数	表の回数	裏の回数	表の確率	裏の確率
10	3	7	0.3	0.7
100	53	47	0.53	0.47
500	260	240	0.52	0.48
1000	511	489	0.511	0.489

回数を増やせば増やすほど0.5に近づくのが大数の法則

る確率は0.5（1/2）に近づいていくのです。

後に紹介しますが、世にあるギャンブルの運営者は、実はこの大数の法則による結果を活用して、ギャンブルを長くやればやるほど運営側が儲かるように、入場料や使用料を設定してい

ます。しかし、このコイン投げのシミュレーションの結果通り、意外とバラついて連続で表や裏が出ることもあります。

同じギャンブルを長時間継続してやらない場合、このコイン投げの例のように、結果がバラつくこともあります。つまり一部だけ見れば、大きく勝つことも大きく負けることもあるということです。

結果がバラついて、大きく勝った現象にフォーカスしたのが「ツキ」の正体なのかもしれません。

ギャンブルの損得を判断する「還元率」と「控除率」

ギャンブルにおいて、「みんなはどのくらい儲けているのか」が気になるものです。もちろん個人での損得は個人に聞かないとわかりませんが、ギャンブルに参加した人のトータルの損得を測る指標はあります。**「期待値」「還元率」「控除率」**です。

期待値とは平均のことです。

裏表が公平に出るコインを10回投げた場合を考えてみましょう。表・裏が出る確率は1/2なので、「大体表が平均5回出て、裏が平均5回出るかな？」と予想すると思いますが、この値が期待値です。

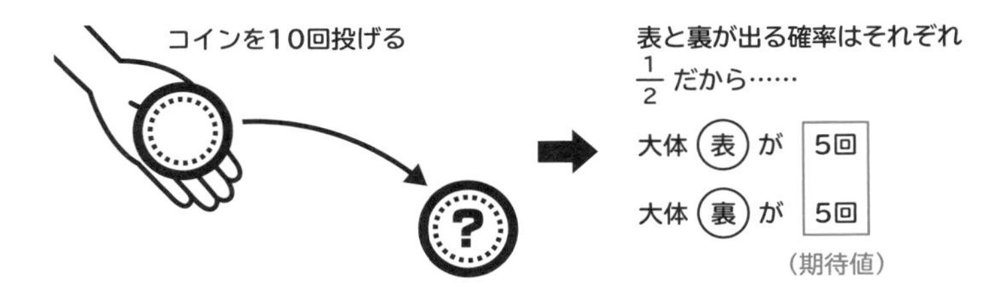

宝くじのように、賞金額とその賞金が当たる確率（賞金の本数）がわかっているものは、具体的に次ページの式に当てはめて期待値を計算できます。

期待値＝当選金×当選する確率

ギャンブルにおいて還元率とは、**賭け金に対して手元に戻ってくる払戻金の平均の割合**を言います。期待値がわかれば、還元率を求めることができます。また、プレイヤーの賭け金の総額とプレイヤーの手元に戻ってくる払戻金の総額の割合を計算することで、還元率を求めることもできます。宝くじであれば、「**当選金の合計金額÷売上の合計金額**」で計算することができます。

例えば、次ページの図のように、1万円賭けて平均 7500 円返金されたのであれば、7500 ÷ 10000 ＝ 0.75、つまり還元率は 75% となります。

還元率の反対の意味を持つ用語が控除率で、先ほどの例では1万円賭けて平均 2500 円返金された場合、控除率は 25％となります。この控除率は、胴元と呼ばれるギャンブルの主催者、ギャンブルの運営側に渡る割合です。

なお 2022 年度の宝くじの還元率は、宝くじ公式サイトによると、販売実績額 8,133 億円で当選金の合計金額が 3,758 億円なので、3758 ÷ 8133=0.462。つまり 46.2% です。還元率が高いほど、より多くのリターンを得ることができます。

ただし、同じくじでも、ナンバーズ、ロト6、スポーツくじの toto などは宝くじと異なります。同じ番号に複数の人が賭け

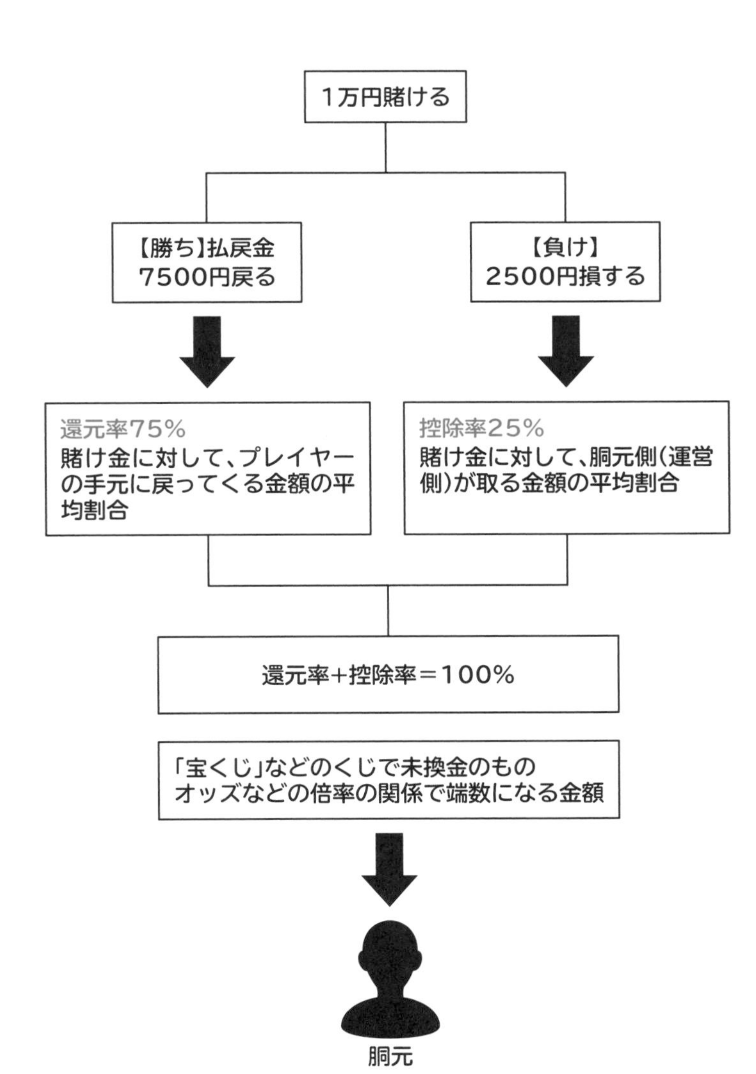
1万円賭ける
【勝ち】払戻金
7500円戻る
【負け】
2500円損する
還元率75%
賭け金に対して、プレイヤーの手元に戻ってくる金額の平均割合
控除率25%
賭け金に対して、胴元側（運営側）が取る金額の平均割合
還元率+控除率＝100%
「宝くじ」などのくじで未換金のもの
オッズなどの倍率の関係で端数になる金額
胴元

られるため、1等賞が1人とは限らず、複数人出る場合があるのです。そのため、還元率が設定されていて、還元率を基に払戻金が分配されます。

例えば、スポーツくじのtotoなどの払戻金の総額は、法律によって売上総額の50％と決められているので、売上総額が1000億円（令和2年度は1017億）の場合は、購入者への払戻金の合計は500億円となります。

予想が的中したときに、払戻金の合計額（先ほどの場合は500億円）から、オッズ（払戻倍率）によってどのくらいの金額が購入者に払戻しされるのかを算出していきます。

還元率と控除率を合わせると100％となりますが、変換される金額は常にきれいな整数値で計算されるわけではありません。つまり、還元される金額には端数があるのですが、この端数も胴元に渡ります。1人1人の控除の端数は小さいものですが、チリも積もれば山となります。

他にも、宝くじやスポーツくじは換金されない未換金のくじが多々存在しています。これらの未換金の額も、チリも積もれば山で相当な額となっています（宝くじの場合、令和3年度に確定した未換金の総額［時効当選金］は112億円です）。ただし、公営ギャンブルも宝くじなども公益が目的ですから、胴元に返還されるといっても、それらの金額は公共の目的に使用されます。公営ギャンブルや宝くじについては、次で詳しく説明します。

お得なギャンブルの還元率と潜むトラップ

ギャンブルをするなら、楽しむだけではなく儲けたいと思うのが心情でしょう。そこで気になるのが、還元率です。

ギャンブルの還元率は、それぞれのギャンブルによって違います。例えば、宝くじとカジノのルーレットでは還元率が2倍ほども違うのです。ここでは、この還元率に隠されたトラップについて解説します。

と、その前に、そもそも日本ではギャンブルが禁止のはずです。では、なぜできるのでしょうか？

日本には公営ギャンブルや富くじという、事業主体が省庁や地方公共団体で、控除された額を公益として利用することを目的にしたギャンブル・エンターテインメントがあります。省庁などが監督し、収益金を次ページ表の通り公の事業目的のために利用するため、例外的に認められているのです。

しかし裏を返せば、そうした公的な目的があるため還元率は低くなります。還元率が最も低い宝くじは、購入者に還元される賞金や運営に必要となる経費を除いた40％弱が、都道府県の公共事業などに還元されています。宝くじで夢を買うなどと言われますが、購入者に還元されないだけで、他の誰かの夢に還元されているのかもしれないのです。

宝くじの収益金の内訳

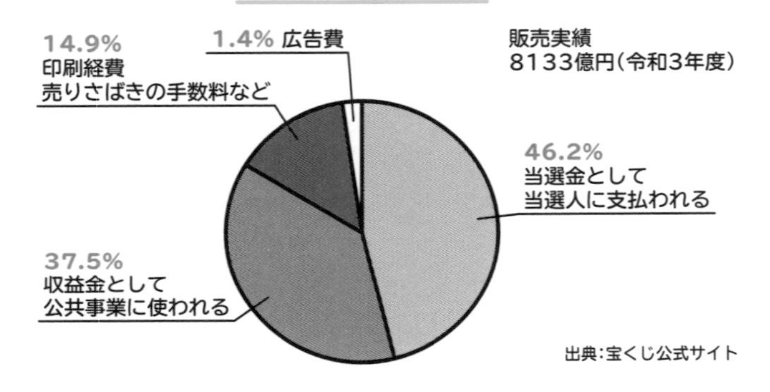

反対に、カジノのルーレット、パチンコなどの民営のギャンブルは、公共事業に還元するわけではなく、プレイヤーに還元している分、還元率が高いです。つまり、公営と民営では民営のほうが還元率は高いということです。

ギャンブルと還元率

	ギャンブル名	還元率	管轄官庁	事業目的
民間	ブラックジャック	96〜103%		
	カジノ(ルーレットなど)	90〜97%		
	パチスロ	80〜90%	(警察庁)	
公営ギャンブル	競馬	70〜80%	農林水産省	畜産振興と福祉事業
	競艇	約75%	国土交通省	船舶の発展と社会事業
	競輪	約75%	経済産業省	産業の発展と福祉事業
	オートレース	約70%		
富くじ	スポーツくじ	約50%	文部科学省	スポーツの振興
	宝くじ	45〜50%	総務省	地方公共団体の資金調達

また、プレイヤーの意思決定の幅が広いものほど還元率が高く、意思決定の幅が狭いものは還元率が低くなります。

「還元率が高い」という名のトラップ

宝くじやスポーツくじは還元率が低いのですが、低いなりのメリットはないのでしょうか？

実は、還元率が低くてもメリットはあります。正確には、宝くじやスポーツくじより還元率が高いほかのギャンブルには、隠れたデメリットがあるのです。それは税金で、目に見えないステルス・デメリットと考えられます。

例えば、競馬やオートレースなどの公営ギャンブルは、所得税法34条で一時所得とされているため、所得税の課税対象となります。

そのため、公営ギャンブルで高額当選した場合、還元率に税金を考慮すると、宝くじ・スポーツくじとそれほど変わらない分の悪いギャンブルになります。

場合によっては還元率が100％を超えるブラックジャックでさえ、税金を考慮すれば、**還元率は100％を下回ってしまう**のです。

宝くじやスポーツくじは還元率が低く、その還元率の低さから厳しいことをおっしゃる方もいますが、宝くじ・スポーツくじはいずれも税金がかかりません。当選金が7億円であっても、税金がかからないのです。

他の人とかぶらない数字とは？
ロト6やナンバーズで気をつけること

ロト6は、1から43の数字から6つの数字を予想するくじです。1枚200円で、キャリーオーバー（前回の払い戻しがない場合）を含めると、当選金額の最高額はなんと4億円と、夢が膨らむ賞金額です。

とはいえもちろん、宝くじと同様にほとんど当たりません。6つの数字とボーナス数字一つの計7つの数字のうち6つが的中したとき、つまり2等賞で当選したときの賞金は、理論上約1500万円となります。また、1から31の数字から3つの数字を選ぶミニロトもあります。

ナンバーズには2種類あり、「ナンバーズ3」は3桁の数字、「ナンバーズ4」は4桁の数字を予想します。また、選んだ数字とその並ぶ順番が的中しないと、払い戻しのない（つまり外れの）「**ストレート**」。数字の組み合わせが当たっていれば、順番が異なっていても払い戻しになる買い方の「**ボックス**」があります。

ボックスとストレートでは、ストレートのほうが当選確率は低いため、賞金も高くなります。

ナンバーズ3のストレートを例に見ていきましょう。ナンバーズ3で当選者に払い戻される金額は、その回の売上額と当選的中の枚数によって決まります。売上額を的中した人の数で割り算して求められた金額が、ストレート的中の賞金額となるわけです。

つまり、的中する枚数が多ければ多いほど賞金額は減り、的中する枚数が少なければ少ないほど賞金額は増えるシステムです。的中枚数が少ないほうが有利になるわけなので、**他の人と違う数字で賭けたほうが賞金は高くなりそう**ですが、そんなことができるでしょうか？

私たちは、普段ランダムな3桁の数字を考える機会はあまりないので、ついつい好きな3桁の数字を選んでしまいます。例えば私は、4月29日生まれなので429という3桁の数字を意識せず何となく使ってしまいますし、ギャンブルのときならば、ラッキーセブンの777は縁起がよさそうなのでついつい選んでしまいがちです。

つまり、必然的に誕生日やギャンブルの当日、ゴロがいい数

選びそうな数字	具体例
有名な数字	777、7777など
連続した数字	123、9876など
ゾロ目の数字	111、1111、9999など
誕生日、生年月日	0429、2000など
歴史上の年号・記念日	794、1224、1225、1192など
ゴロのいい数字	2525(にこにこ)、2951(ふくこい)、 8080(晴れ晴れ)、8739 (花咲く)など

ナンバーズ3、4で配当を多くする→ダブらない数字を選ぶ

字、ゾロ目の数字などは多くの人が選びそうな数字になるということ。予想する人が多くなり、結果賞金額は低くなる可能性があります。

そのため、みんなが買いそうな数字を選ばない、逆張りをしてみんなが選びそうにない数字、ゴロの悪い数字を選んで買う方法も、戦略の一つとして留めておくのもよいかもしれません。

ちなみに、「ランダムな数字が思いつかない」という人は、「ランダムな4桁の数字を出すガチャ」や「ランダム3桁数字ジェネレータ」などのWebページを活用する手もあります。また、生成系AIであるChatGTPやBingAIを活用する方法も考えられますね。

ゲームの参加費いくらまでなら支払う？

サンクトペテルブルグのパラドックス

ここでは、コイン投げのギャンブルで、私たちの感覚を惑わす1問を紹介します。

偏りのない裏表が出る確率が公平なコインを1枚用意します。このコインを、表が出るまで何回も投げ続けるゲームを行い、表が出たときにそれまでに投げた回数に応じて、下記のように倍々になる賞金を受け取るものとします。ただし、肝心の参加費が設定されていません。あなたは、この**ゲームの参加費としていくらまでなら支払えますか**？

受け取る賞金は、初めて表が出たのが1回目の場合は2円、
2回目なら、その倍の4円（$2 \times 2 = 2^2$）、
3回目なら、さらにその倍の8円（$2 \times 2 \times 2 = 2^3$）、
4回目なら、さらにその倍の16円（$2 \times 2 \times 2 \times 2 = 2^4$）。
このように、初めて表が出た回数で賞金が倍々に増えていくとします。表にすると、下の通りです。

初・表の回	1	2	3	4	…	n
賞金	$2^1=2$	$2^2=4$	$2^3=8$	$2^4=16$	…	2^n

このゲームは、初めて表が出るのが10回目の場合は1024円（$2^{10}=1024$）で、初めて表が出るのが20回目の場合は1048576円（$2^{10}=1048576$）と、100万円を超え夢が膨らみます。

それでは、このゲームの参加費を考えるため、賞金の期待値を計算してみましょう。儲けたいけど損をしたくないというのが人間の心情なので、それを考慮して参加費は、期待値より少ないキリのよい数字に設定します。期待値は、

期待値＝当選金（賞金）×当選する確率

で求められます。1回目～3回目までを具体的に見てみましょう。

- **1回目（賞金は2円）に表が出る確率は1/2**
- **初めて表が出るのが2回目（賞金は4円）の確率は、1回目が裏、2回目が表なので1/2 × 1/2 ＝ 1/4**
- **初めて表が出るのが3回目（賞金は8円）の確率は、1・2回目が裏、3回目表なので1/2 × 1/2 × 1/2 ＝ 1/8**

確率がちょうど賞金の逆数になります。結果を表にすると次ページの通りです。

初・表の回	1	2	3	4	…	n
賞金	$2^1=2$	$2^2=4$	$2^3=8$	$2^4=16$	…	2^n
確率	$\frac{1}{2}$	$\frac{1}{4}$	$\frac{1}{8}$	$\frac{1}{16}$	…	$\frac{1}{2^n}$

期待値を計算すると、次の式の通り、1がずっと足されるので**無限**「∞」になります。

$$2\times\frac{1}{2}+4\times\frac{1}{4}+8\times\frac{1}{8}+16\times\frac{1}{16}+\cdots\cdots 2n\times\frac{1}{2^n}+\cdots\cdots=1+1+1+1+1+\cdots\cdots\to\infty$$

期待値が無限なので、**ゲームの参加費は、100円でも1万円でも、1億円でも参加したほうがいいということになります**。無限と比較すれば、1億円ですらも少額だからです。

でも、本当にそうでしょうか？

例えば、初めて表が出るのが10回目の場合は1024円もらえますが、確率は1/1024でレアな確率です。この賞金よりも高い賞金を獲得するためには、さらに低い確率にチャレンジしなくてはなりません。

他のギャンブルと比較してみると、例えば年末ジャンボ宝くじで1等の7億円に当選する確率は1/20000000（2000万分の1）です。対して、今回のコイン投げの場合、約2000万分の1となる場合の賞金はたったの約2000万円です。**期待値が**

高くないと言われている宝くじよりも、圧倒的に不利なのです。

それなのに、このゲームの期待値は∞で、宝くじの期待値は約50%。何かがおかしい気がします（正確には、初めて表が出るのが24回目の場合は1677万7216円）。

このパラドックスが悩ましい点はおわかりの通り、高い賞金を手に入れる確率は極めて低く、還元率が最も低い宝くじよりも不利なのに、賞金の期待値は「無限」になっている点です。私たちは「無限」という概念を日常的にはほとんど扱わないので、「無限」が関係する計算は、だいたい感覚を麻痺(まひ)させます。

この悩ましい点を解決させるためには、**無限の計算をしないことがポイント**です。そのために、まずこのパラドックスで考慮されていない点について考えてみましょう。それは、**胴元がいくらでも返せるわけではないという点**です。

もしも、コイン投げで裏を出し続ける達人がいて、日本の国家予算を超える額を叩き出した場合に、胴元は払えるのでしょうか？　いやいや、払えないはずです。

そこで、仮に胴元が支払える額の限度を約1兆円（2^{40}=1,099,511,627,776円）としましょう。つまり、裏が40回出たら胴元が降参する場合の期待値ということです。

求めてみると、**賞金はたった40円**であることがわかります。

$$2\times\frac{1}{2}+4\times\frac{1}{4}+8\times\frac{1}{8}+16\times\frac{1}{16}+\cdots\cdots2^{40}\times\frac{1}{2^{40}}+\cdots\cdots=1+1+1+1+\cdots\cdots+1=40$$

胴元が支払える額を考慮したら、いきなり現実的な数字になってしまいました。際限なく計算したら期待値が無限になる場合であっても、現実の事情を考慮するととてつもなく少額となるのです。

このゲームの参加料としていくら支払うのか、大学生260人、高校生51人に尋ねたところ、極端な回答（外れ値）があったため、平均値は約3.9𥝱（億、兆、京、垓の次の大数）でした。外れ値があるときに利用する中央値は16円でした。その後、期待値が無限大になることを説明し、再び参加料を尋ねたものの、賭ける額に大きな変化はありませんでした。

「次は赤にボールが落ちる！」

ギャンブラーの勘違い

裏・表の出る確率が公平なコインを10回投げたときに、10回連続で表が出たとします。では、11回目には裏が出やすいでしょうか？

10回連続で表が出る確率は約0.1%（1/1024≒0.00）と、とても小さな確率ですが、11回目に表が出る確率も裏が出る確率も、公平で1/2です。しかし、私たちは10回も連続で表が出たら、次こそは裏が出るだろうと心理的に思うことがあります。このように、過去の結果に基づいて未来に起こる可能性を誤って予測することを、「**ギャンブラーの誤謬**（ごびゅう）」もしくは「**モンテカルロの誤謬**」と言います。

1回目 表　2回目 表　3回目 表　……

確率は約0.1%でレア

ギャンブラーの誤謬

11回目

次こそ 裏 ？

実際：表・裏の確率は $\frac{1}{2}$

10回連続で表が出るような偶然が起こると、ついつい心理的に「次は裏が出るのではないかな？」と思ってしまうもの。しかし、過去の出来事が、将来のある出来事が起こる確率を変えることはありません。いつだってコインの表が出る確率は1/2で、長い目で見れば10回連続で表が出ることもあるのです。

このギャンブラーの誤謬の別名称のモンテカルロの誤謬は、1913年8月18日にモンテカルロ・カジノで起こった出来事が由来となっています。その日のモンテカルロ・カジノで、ルーレットに参加していたギャンブラーは、ボールが何度も連続して黒に落ちていたのを目にしました。そのため、ギャンブラーは「もうすぐ赤に落ちるだろう」と思い、次のルーレットで赤のマスに賭け続けます。しかし、一向にボールは赤に落ちない。赤に賭けて賭けて賭け続けても、赤にボールが落ちない……。最終的にはなんと26回連続で黒にボールが落ちて、赤にボールが落ちたのは27回目だったのです。

1913年8月18日のモンテカルロ・カジノ

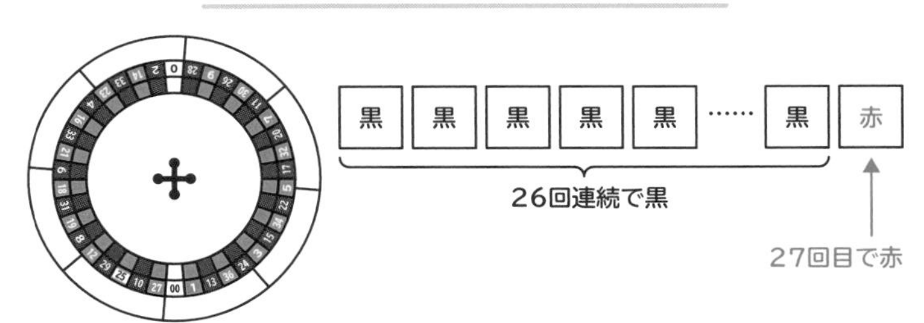

確率にして約0.000000003、じつに10億分の3です。年末

ジャンボ宝くじで1等賞を当てる確率が2000万分の1なので、宝くじで1等賞を当てるより16倍以上低い、まさに奇跡的な確率です。それが現実に起きてしまったのです。

26回連続で黒にボールが落ちる確率

$$\left(\frac{18}{38}\right)^{26}=\frac{6461081889226673298932241}{1768453418076865701195582595329481}\fallingdotseq 0.000000003$$

年末ジャンボ宝くじで1等賞を取る確率

$$=\frac{1}{2000\text{万}}\ \frac{1}{20000000}=0.00000005$$

ルーレットでお客が負ける理由

カジノのルーレットの損得を考えてみましょう。

ルーレットは、1～36までの数字に0もしくは0と00（最近では0、00、000のものもある）を加えた数字が書かれた、円形のボードで行われるゲームです。0が追加されたボードは主にヨーロッパで使われ、0と00が追加されたボードは主にアメリカで使われています。

ここでは、0と00の数字で構成されたダブルゼロのボードで話を進めます。

ルーレットは、ディーラーがボードを回転させてボードに玉を落とすとき、玉がどの色、番号、グループに入るのかを予想するゲームです。

ルーレットのボードは数学者のパスカルが考えたようで、考案された当時は1～36までの数字のみで、0、00の数字はありませんでした。胴元がルーレットで利益を得るために、0と00は後からつけ加えられたのです。0と00は赤でも黒でもないので、ボールが0もしくは00に落ちた場合、プレイヤーが赤、黒のどちらに賭けていたとしても胴元の勝ちになります。

次ページ図のように、背景が黒になっているものが18マス、背景が赤になっているものが18マス、背景が白（本当は緑）となっているのは0と00で、さまざまな賭け方ができるように工夫されています。

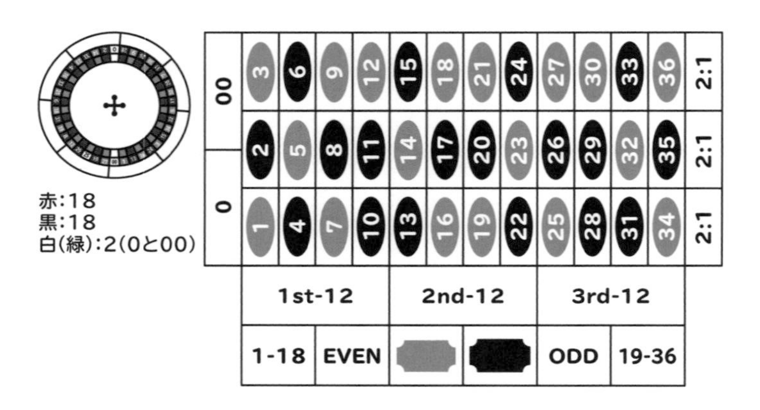

賭け方の種類は後に紹介しますが、次ページの表の通り還元率は100%ではないため、胴元が儲かるように設定されています。

ルーレットは、次ページ表の通り還元率が5数字賭けの賭け方のみ92.1%で、他の賭け方は還元率が94.7%とわかりやすい設定となっています。そのため、初心者でも敷居が低いギャンブルなのが魅力です。

例えば、数字が20（背景黒）に1万円をかけた場合、白の玉が予想した数字に入れば的中で、このときの賭け金は36倍（つまり36万円）になって返還されます。そのときの還元率を次のように計算してみると、約94.7%となります。つまり1万円に対して9470円返還されます。

$$36\times\frac{1}{38}=\frac{18}{19}\fallingdotseq 0.947=94.7\%$$

ルーレットの還元率

掛け方	説明	倍率	確率	還元率
赤・黒賭け	18個の赤 18個の黒	2倍	$\frac{18}{38}$	$2\times\frac{18}{38}\fallingdotseq 94.7\%$
前半・後半賭け	前半の1～18 後半の19～38	2倍	$\frac{18}{38}$	$2\times\frac{18}{38}\fallingdotseq 94.7\%$
偶数・奇数賭け	18個の奇数 18個の偶数 0と00を除く	2倍	$\frac{18}{38}$	$2\times\frac{18}{38}\fallingdotseq 94.7\%$
12数字賭け（縦列）	賭け金を置くボード上の縦列にある数字	3倍	$\frac{12}{38}$	$3\times\frac{12}{38}\fallingdotseq 94.7\%$
12数字賭け（小・中・大）	1～12の12個 13～24の12個 25～36の12個	3倍	$\frac{12}{38}$	$3\times\frac{12}{38}\fallingdotseq 94.7\%$
6数字賭け	ボード上の横2列分の6個	6倍	$\frac{6}{38}$	$6\times\frac{6}{38}\fallingdotseq 94.7\%$
5数字賭け	0、00、1、2、3	7倍	$\frac{5}{38}$	$7\times\frac{5}{38}\fallingdotseq 92.1\%$
4数字賭け	接する4個の数字	9倍	$\frac{4}{38}$	$9\times\frac{4}{38}\fallingdotseq 94.7\%$
3数字賭け	横1列3個の数字	12倍	$\frac{3}{38}$	$12\times\frac{3}{38}\fallingdotseq 94.7\%$
2数字賭け	隣り同士2個の数字	18倍	$\frac{2}{38}$	$18\times\frac{2}{38}\fallingdotseq 94.7\%$
1数字賭け	0と00を含めた38個の数字のうち1個	36倍	$\frac{1}{38}$	$36\times\frac{1}{38}\fallingdotseq 94.7\%$

裏を返すと、1万円を賭けると平均的に530円損しますが、

宝くじなどと比較すれば還元率は高いので、戻ってくる額は多いです。

なお、控除率は100% − 94.7% ≒ 5.3% なので、プレイヤーが1万円払ったときに胴元に入る金額は平均530円です。

もちろんルーレットでうまく勝ち続ける客ばかりだと、胴元は儲からず経営が赤字になります。しかし、そうならないことを「大数の法則」という絶対法則が保証しています。

コイン投げで、コインを投げれば投げるほど、表・裏の割合が0.5（1/2）に近づくように、客であるプレイヤーのルーレットで賭ければ賭けるほど、プレイヤーのお金の合計は平均的に94.7%に近づいていきます。そのため、プレイヤーのお金は徐々になくなっていくのです。

ちなみに、ルーレットは歴史のあるゲームで、ロシアの文豪ドストエフスキーがハマってしまい、イタリアに旅行したときに帰国の旅費まで使ってしまうほどだったそうです。このときの経験が、著作の『賭博者』につながったといわれています。ドストエフスキーは借金の支払いのために、『賭博者』の権利を書く前から売り払ってしまったという逸話もあります。

なお、ルーレットの還元率は5数字賭けを除くと94.7% なので、理論上はそれほど損をしないように見えます。

では、手持ち金として900ドルあったとして、1000ドルになる確率はどのくらいでしょうか？　1000ドルもしくは0ドルになる（破産する）まで、ルーレットをやり続けるとしましょう。

還元率が高いので、50% 弱ほどありそうでしょうか？

実際に計算すると、0.0000265614……となります。裏を返すと、破産する確率は 0.99997 となります。

還元率が高いからといって油断してはいけません。ルーレットをやり続ければやり続けるほど、1000 ドルという求めていた境地にたどり着くのではなく、**破産に向かって進んでいく**のです。

競馬の予想とオッズって？

日本で認められている公営ギャンブルの一つに、競馬があります。競馬が宝くじと違うところは、勝つ馬を自分で予想できる点です。

宝くじで私たちができるのは、購入する場所と枚数を決めることくらいで、他に頼るものは運しかありません。競馬は、競走馬や騎手の能力、実績などを考慮した上で予想して馬券を買うことができます。

競馬は、馬券がどのくらい購入されているのか、つまり投票されているのかによって払戻金が変化するシステムをとっています。馬券が販売されている時間は、絶えず払いもどし金の倍率が変動し、このときの倍率を**オッズ**と言います。

オッズが3.5倍の単勝を1000円分購入して、馬券が的中し

オッズ3.5倍の馬券を1000円で購入し的中

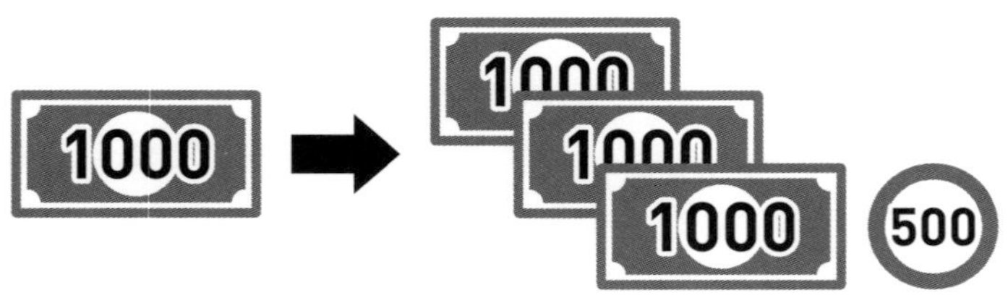

払戻金は1000×3.5＝3500円

たときに 1000 × 3.5 = 3500 円の払戻金を受け取ることができます。

オッズは馬券の販売が締め切られた後に確定します。そのため、馬券を購入したときはオッズが 10 倍だったのに、確定後は 8 倍まで下がってしまうということがあれば、反対に購入時のオッズは 8 倍だったのに確定後は 10 倍に上がることもあります。

勝利を重ねて実績のある競走馬や騎手は人気があるため、オッズが低くなります。そのため、当たっても高配当になるのは困難です。言い換えれば、実績のあまりない競走馬は人気がないため、オッズが高くなり高配当になるということです。

人気の度合いがオッズに表れるのが競馬なので、本命に賭けてコツコツと勝利を得ていきたいと思うものですが、オッズの低い人気の競走馬が常に勝つわけではないというのが勝負の世界。大穴と思われた人気のない競走馬が、快走する可能性も 0 ではありません。

人気の高い本命の競走馬に賭けていく方法もありますが、コツコツ正確に賭けていくということは、長く賭けをするということになります。つまり、大数の法則という絶対法則のレールに乗ってしまうので、競馬の場合は賭ければ賭けるほど、手持ち金が 75% に近づいてしまいます。そのため、競馬で儲ける戦略の一つとして、**バラついた賭け方**、**大穴狙い**をすることが考えられます。

競馬はさまざまな賭け方があります。１頭だけ選ぶ馬券としても、１着を予想する単勝と、３着までを予想する複勝の２つがあります。単勝よりも複勝のほうが当たる確率が高くなるのは、想像がつくでしょう。

では、単勝・複勝が当たる確率はどのくらいなのか、具体例を挙げて求めてみましょう。

枠番号	馬番号	馬の名前
1	1	A
	2	B
2	3	C
	4	D
3	5	E
	6	F
4	7	G
	8	H
5	9	I
	10	J
6	11	K
	12	L
7	13	M
	14	N
8	15	O
	16	P
9	17	Q
	18	R

競馬には数多くのレースがあります。ここでは、右表のように18頭（９枠）が出走した場合を例に考えてみます。

本来は、それぞれの競走馬と騎手で実力・実績が異なりますが、今回は話をシンプルにするために、全競走馬と騎手は同実力・同実績として考えます。そのときの確率は次ページ表の通りです。

１着・２着を選ぶ馬連、馬単、１着・２着・３着を選ぶ３連複、３連単の確率が低くなる分、オッズが高く、配当も高くなりがちですが、宝くじなどの高額当選と比較すると確率は高めなのがわかります。

馬券の名称・概要・確率

名称	概要	確率
単勝	1着を当てる	$\frac{1}{18}$ =5.56…%
複勝	3着までを当てる	$\frac{3}{18}$ =16.67…%
枠連	1・2着の枠番の組み合わせ	$\frac{8}{306}$ =2.61…%
馬連	1・2着の馬の組み合せ	$\frac{2}{306}$ =0.654…%
ワイド	3着までに入る2頭の馬の組み合わせ	$\frac{3}{153}$ =1.96…%
馬単	1・2着の馬の着順	$\frac{1}{306}$ =0.327…%
3連複	1～3着の馬の組み合わせ	$\frac{1}{816}$ =0.123…%
3連単	1～3着の馬の着順	$\frac{2}{4896}$ =0.002…%

理論上のギャンブル必勝法「倍賭け法」

ギャンブルで知りたいことと言えば、必勝法です。必勝法を駆使してお金と楽しい時間が手に入れば、これほど幸せなことはありません。しかし、必勝法があればみんなが実践して儲けられるので、ギャンブルの胴元は運営できなくなっているはずです。

そうなっていないということは、ギャンブルの必勝法が確立していないことを示していますが、そうは言っても何か必勝法はないかと探してしまうのが人間の性(さが)でしょう。

必勝法を探してみると、よく目にする方法に、**倍賭け法（マルチンゲール法**）と呼ばれる、18世紀のフランスで人気があった賭け事の方法があります。

倍賭け法は、大きく負けることを回避する方法の一つとして確立されたものです。勝率が50%、配当が2倍になるギャンブルを選び、以下の方法で行います。

勝った場合：賭け金を受け取り、次は初回の賭け金を賭ける

負けた場合：次回は賭け金を2倍にする

実際にシミュレーションしてみましょう。扱うギャンブルは、簡素化するためにコイン投げとして、表が出た場合は勝ち、裏

が出た場合は負けとします。また、ここでは初回にかける金額を100円とします。

ちなみに、他にもこの倍賭け法が当てはまる例として、オッズが2倍の競馬や、先に紹介したルーレットの赤・黒賭けがあります。ルーレットの赤・黒賭けの勝率は正確には50％ではありませんが、50％に近く配当は2倍であることから、倍賭け法が応用できる例として挙げられます。

倍賭け法が大きく負けない理由は、連敗が続いたとしても1回の勝利で全ての損失を挽回することができるシステムだからです。では、その方法を見ていきましょう。

1回目に100円を賭けて、裏が出たとします。この場合は負けなので100円失います。1回目に負けたので2回目は100円の2倍の200円を賭けます。2回目も裏が出て負けたとすると、100円と200円の計300円失います。2回目に負けたので、3回目は200円の2倍の400円を賭けます。3回目も裏が出て負けた場合は、100円、200円、400円の計700円失います。4回目は3回目にかけた金額の2倍の800円を賭ける……と続け

倍賭け法

回次	1	2	3	4
賭け金	100 —倍→	200 —倍→	400 —倍→	800
コイン	裏(負)	裏(負)	裏(負)	表(勝)
結果	−100	−200	−400	+800
収支	−100	−300	−700	+100

倍賭け法で勝利した場合、初回の賭け金が戻る

ていきます。すると、**賭け続けられる限り**いつかは勝ちますね。

この方法を考察してみると、失った金額に初回で賭けた100円加えた額を賭け続けることになるので、勝ったときに負けた分を挽回できるのです。

しかし、この方法の落とし穴は「賭け続けられる限り」という点。手持ちの資産が十分にないと実現できないのです。例えば、先ほどのゲームで10回連続負けた場合、11回目は約10万円（正確には10万2400円）賭けることとなりますが、現実的に賭けようと思えば手が震えるでしょう。

つまり倍賭け法は、理論的には「いつか」勝てる方法ですが、**大きく負けない方法であって、勝つための必勝法とは言い難い**ところがあるのです。1時間かけて最終的な収支が100円では儲けたとは言えないですし、負け続ければ賭ける金額が倍倍に増えていくので、精神的にも現実的にも厳しくなっていきます。

あくまで、こんな方法があるという紹介でした。5回目に初めて勝つ（挽回する）場合と6回目に初めて勝つ（挽回する）場合は次ページ表の通りです。

回次	1	2	3	4	5
賭け金	100 →(倍)	200 →(倍)	400 →(倍)	800 →(倍)	1600
コイン	裏(負)	裏(負)	裏(負)	裏(負)	表(勝)
結果	−100	−200	−400	−800	+1600
収支	−100	−300	−700	−1500	+100

回次	1	2	3	4	5	6
賭け金	100 →(倍)	200 →(倍)	400 →(倍)	800 →(倍)	1600 →(倍)	3200
コイン	裏(負)	裏(負)	裏(負)	表(勝)	表(勝)	表(勝)
結果	−100	−200	−400	−800	−1600	+3200
収支	−100	−300	−700	−1500	−3100	+100

ギャンブルの勝ち越し・負け越しの法則

ギャンブルは、勝ったり負けたりを繰り返してハラハラする展開のものだと私たちは想像します。しかし、実際にギャンブルをプレイすると、「今日はとことん勝てている」「今日は負け続けて挽回できない気がする……」のように、直感と反して“勝ち越し”や“負け越し”の経験が多いように感じたことはないでしょうか？

実は、勝ち越し・負け越しにも法則があって、とことん勝っている時間、とことん負けている時間のどちらかが長いことが多いのです。つまり、私たちが想像する勝ち・負けの時間が交互に繰り返すシーソーゲームのような確率は少ないということ。

この法則を**逆正弦法則**と言い、1939年フランスの数学者レヴィが提唱しました。

逆正弦法則

ギャンブルで勝ち越している時間が長い
ギャンブルで負け越している時間が長い
} ← よくある

ギャンブルで勝ち・負けのシーソーゲーム ← それほどない

この逆正弦法則から、ギャンブルにおいては負け始めたら負け続けるので、挽回しようと試みないで、きっぱり諦めることも大切かもしれません。

具体的な例で見てみましょう。

裏表が公平な確率で出るコイン投げのギャンブルで、表が出たら100円を得て、裏が出たら100円を失うとします。所持金は1000円でスタートします。なおこのギャンブルの期待値は以下の通り0円なので、理論上は儲かることも損することもありません。

表が出た場合(+100)円: $\dfrac{1}{2}\times 100 = 50$…❶

裏が出た場合(−100)円: $\dfrac{1}{2}\times(-100) = -50$…❷

期待値は、 $\underbrace{+50円}_{❶}\ \underbrace{-50円}_{❷} = 0円$

20回コイン投げを行った結果と、そのときのグラフは次ページの通りです。

勝っているとき（1100円以上）は上の領域、負けているとき（900円以下）は下の領域になります。扱っているのがコイン投げなので、直感としては上の領域ばかりや反対に下の領域ばかりというのはあまりなくて、所持金付近を行ったり来たりというのを繰り返しそうです。しかし、実際は所持金付近を行ったり来たりすることのほうがレアなのです。

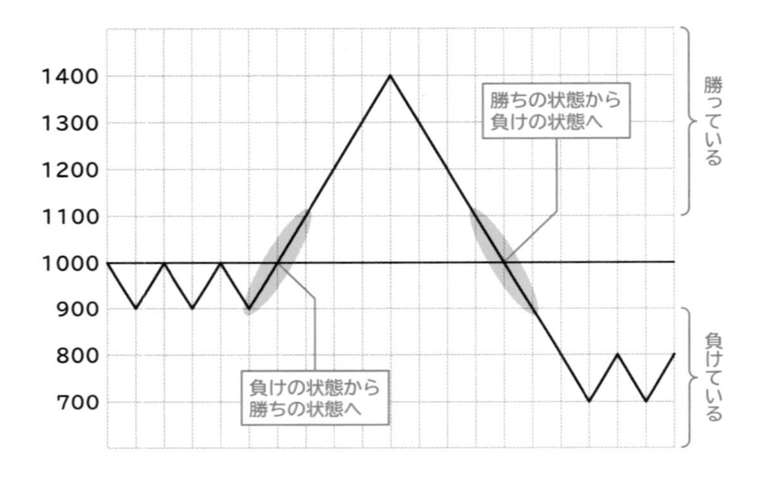

逆正弦法則は、ギャンブルに限らずスポーツなどにも見られます。チームの実力を測るのは本来難しいですが、実力が拮抗している２チームが野球・サッカー・バレーボールなどの試合をした場合を考えましょう。

実力が拮抗していれば、勝ったり・負けたりのシーソーゲームになりそうですが、次ページの例のように先制点を取ったチームが逃げ切って、勝利や引き分けの場合が多いのではないでしょうか。もちろん逆転劇もあるわけですが、その場合は逆転したチームが逃げ切って勝利する場合が多いと予想できます。

Aチームとチームが野球で対戦する場合

	1	2	2	3	4	5	6	7	8	9	計
Aチーム	3	1	1	1	0	2	1	3	1	0	12
Bチーム	0	1	1	3	0	0	2	1	2	1	10
得点差	3	0	0	-2	0	2	-1	2	-1	-1	2

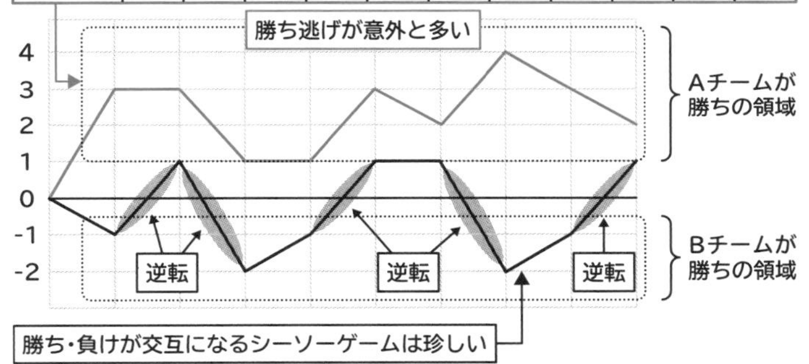

※得点差は[Aチームの得点]－[Bチームの得点]

「チンチロリン・ハイボール」は参加したほうがいい？

皆さんは、「チンチロリンハイボール」というゲームをご存じでしょうか？　容器の中に２つのサイコロを振り入れて、出た目によってハイボールの値段が変わるものです。

ここでは、ハイボール１杯の値段を500円として、以下のルールの場合にはゲームに参加したほうが得なのか、ゲームに参加せず普通にハイボールを飲んで500円支払ったほうがいいのかどうかを考えていきます。

チンチロリンハイボール

ハイボール
1杯500円

- **出た目がゾロ目** …1杯の料金が無料！
- **出た目の合計が偶数（ゾロ目を除く）** …1杯の料金が約半額の240円！
- **出た目の合計が奇数** …1杯の料金が倍の1000円！

このようなときに利用するのが期待値です。実際の計算結果は次ページ表の通りです。

２つのサイコロを振ったときに出る目の場合の数（ある特定の状況で起こり得ると考えられる事象の数）は６×６＝36。ゾロ目になる確率は、（1と1）、（2と2）、（3と3）、（4と4）、（5

と 5)、(6 と 6) の 6 通りなので 6/36 = 1/6 です。

なお、ゾロ目の合計は 2、4、6、8、10、12 といずれも偶数ですね。2つのサイコロを振ったときに出た目の 36 通りのうち、合計が偶数になるのは 18 通り、奇数になるのは 18 通りです。

出た目の合計がゾロ目を除く偶数である確率は、18 通りから先ほどのゾロ目の 6 通りを除く 12 通りなので、12/36 = 1/3 です。

同様に、出た目の合計が奇数になる確率は 18/36 = 1/2 です。

表にまとめると以下の通りです。

結果	場合の数	条件	場合の数	確率
出た目の和が偶数	18	ゾロ目	6	$\frac{6}{36}=\frac{1}{6}$
		ゾロ目以外	12	$\frac{12}{36}=\frac{1}{3}$
出た目の和が奇数	18		18	$\frac{18}{36}=\frac{1}{2}$

支払う料金	1000	1000	1000	計
確率	$\frac{1}{6}$	$\frac{1}{3}$	$\frac{1}{2}$	1

期待値は「金額×確率」なので、計算すると以下の通り 580

$$0\times\frac{1}{6}+240\times\frac{1}{3}+1000\times\frac{1}{2}=580$$

円です。
普通にハイボールを飲むと500円で、ゲームに参加すると580円、つまり平均的に80円が余分にかかることになります。この問題の設定の場合は、参加しないほうが得ということですね。

あくまで今回の設定ではゲームに参加しないほうが得なのですが、実際には出た目の和が奇数の場合は価格が倍になるだけではなく、ハイボールの量も倍になるなど、飲みきればお得になることのほうが多いようです。
今度チンチロリンゲームのあるお店に行ったときには、設定されたルールを見てみてください。

直観は信じたほうがいい？ 変えたほうがいい？

モンティ・ホール問題

早速ですが、次の「モンティ・ホール問題」を考えてみてください。

プレイヤーの前に、閉じた3枚のA、B、Cのドアがあります。1枚のドアの後ろには「当たり」として新車が、他の2枚のドアの後ろには、「外れ」として動物のヤギがいます。

今回は、当たりのドアをC、外れのドアをAとBとします。

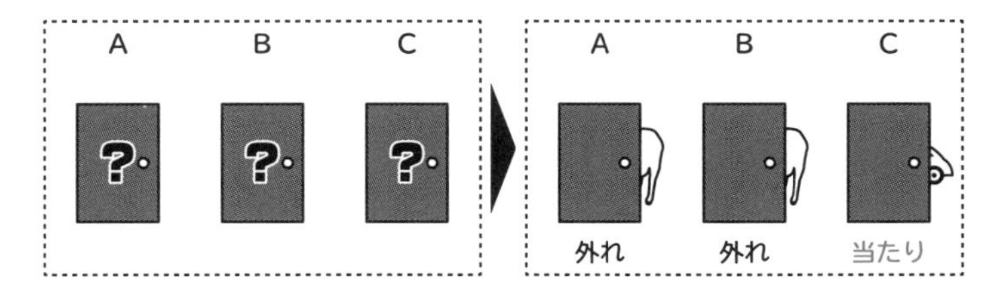

プレイヤーは当たり（新車）のドアを当てると新車がもらえます。1枚のドアを選択した後（例えばドアB)、司会者のモンティ・ホールが残りのドアのうち、ヤギがいるドア（例えばドアA）を開けてヤギを見せます。

ここでプレイヤーは司会者から、「最初に選んだ『ドアB』を、もう1枚の開けられていない『ドアC』に変更してもよい」と言われます。

そこで問題です。プレイヤーはドアBのままにしたほうがいいでしょうか？　ドアを変更したほうがいいのでしょうか？

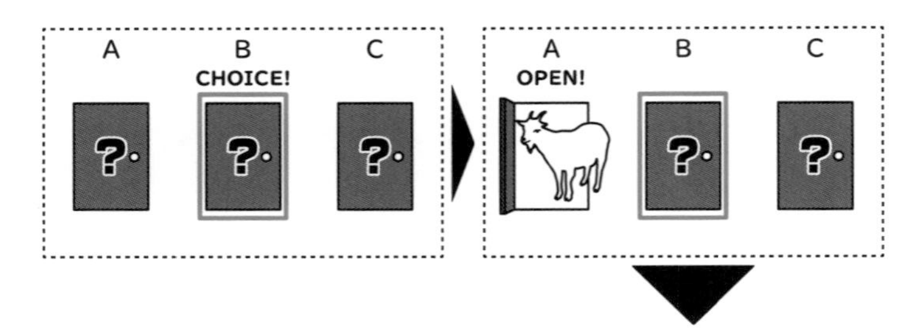

選んだドア(B)をCに変えた方がいい？
選んだドア(B)のままの方がいい？

結論から言うと、この問題では「**ドアを変えた方がよい**」です。ドアを変えない場合、新車が手に入る確率は1/3のままで、ドアを変える場合、**新車が手に入る確率は2/3に上昇する**からです。

では、なぜドアを変えると確率が上昇するのか、具体的に見てみましょう。

次ページ図のように、A、B、Cそれぞれを開けた場合の3パターンのうち、当たりとなるのは2パターンなので、確率は2/3になるのです。

細かく見ていると、初めにA、Bのように、外れのドアを選んだ場合は当たりのドアとなり、初めにCのように当たりのドアを選んだ場合は、外れのドアとなります。

モンティ・ホールの問題

ドアを変えない	初めに当たりのドアを選ぶ	➡ 当たりのまま	$\frac{1}{3}$
	初めに外れのドアを選ぶ	➡ 外れのまま	$\frac{2}{3}$
ドアを変える	初めに当たりのドアを選ぶ	➡ 外れのドアへ	$\frac{1}{3}$
	初めに外れのドアを選ぶ	➡ 当たりのドアへ	$\frac{2}{3}$

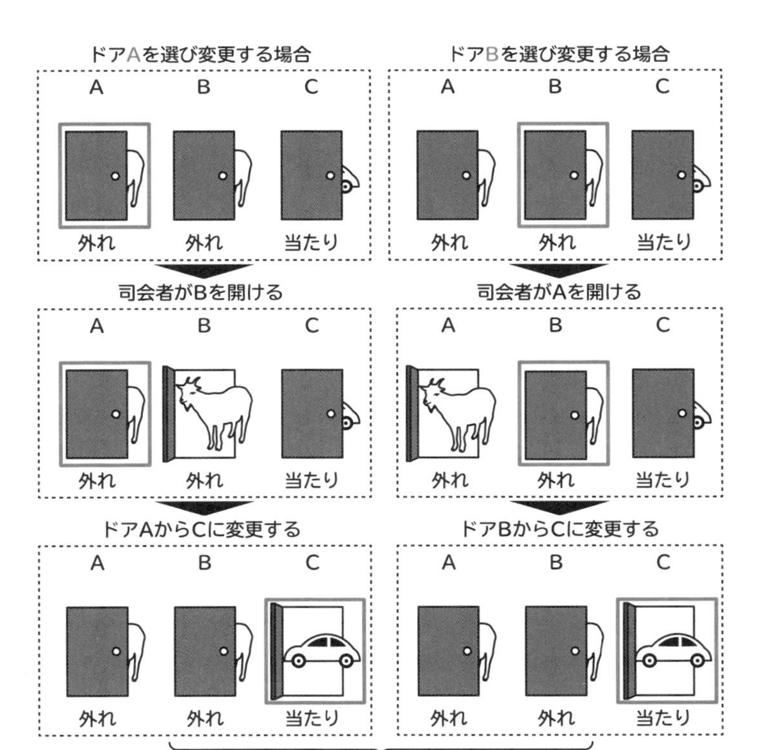

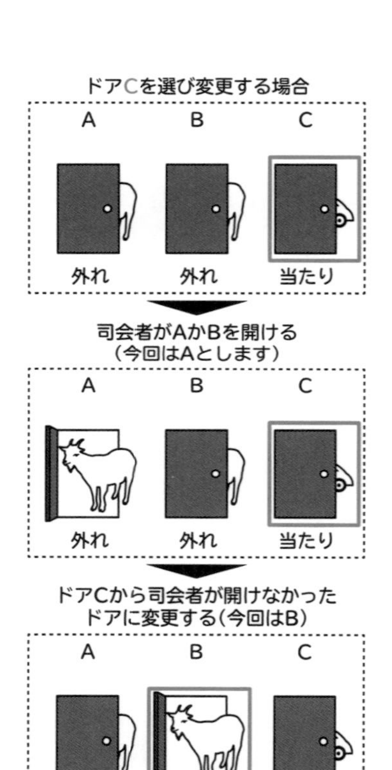

つまり、外れのドアは、変えない場合は外れのドアのまま。変える場合は当たりのドアに変わるのです。

モンティ・ホール問題ではドアを変更したほうが当たる確率が高くなるということを見てきました。しかし、納得できない部分もあると思います。そのようなときは、より「極端な具体例」で考えるのがいいでしょう。

そこで、ドアの数を倍の6つにして考えてみます。ドアA～Eが外れ、ドアFを当たりとします。予測したドアを変えない場合、当たりのドアを選ぶ確率は変化せず1/6。外れのドアを選ぶ確率は5/6です。予測したドアを変える場合はこの確率が反対になり、当たりのドアを選ぶ確率が5/6で、外れのドアを選ぶ確率が1/6となります。具体的に見てみましょう。

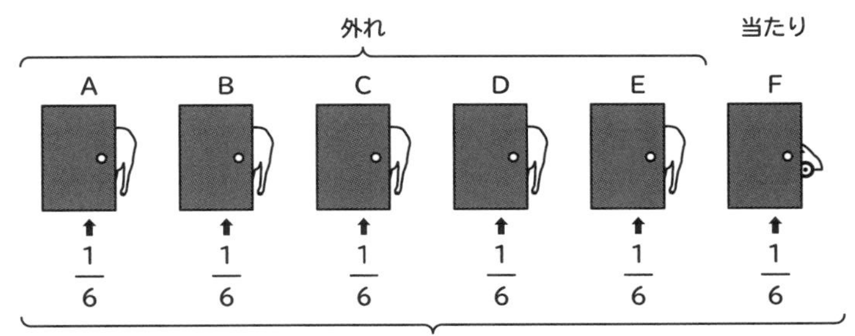

それぞれを選ぶ確率は1/6なので、当たる確率(今回はFを選ぶ確率)も1/6

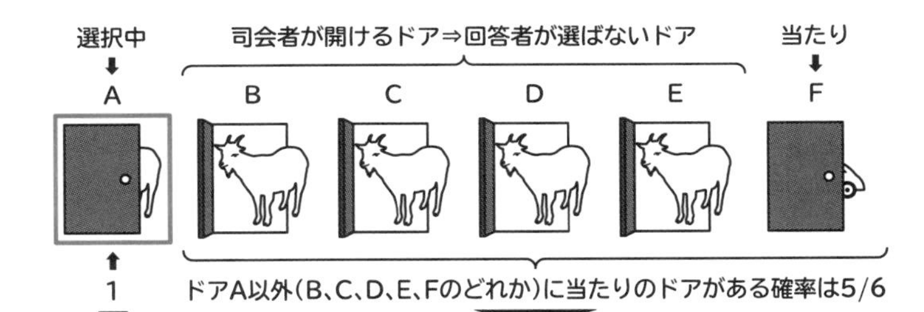

司会者がB、C、D、Eのドアを開けているので、回答者はドアFしか選ばない

ドアA以外はドアFのみとなるので、ドアFに当たりがある確率が5/6になる

ドアAが当たりのドアである確率は1/6なので、ドアA以外（ドアB～ドアF）が当たりのドアである確率は5/6です。

回答者がドアAを選択した場合、司会者は**当たり以外のドアB、C、D、Eを開けます**。ドアA以外に当たりがある確率は5/6ですが、回答者はB、C、D、Eのドアを開けることはないので、ドアA以外はドアFのみとなります。つまりドアFに当たりがある確率が5/6となるのです。

そのため、ドアを変更しないのはもったいないですね。

「バラバラに思える」人の身長にある統計

～グラフとデータの秘密～

バラバラに思える「人の身長」にある性質

私たちはさまざまな判断をする際に、過去のデータを基にした数値を活用します。しかし、いつでも必要なデータがあるとは限りません。時間やコスト面で収集することが難しいデータも多くあります。その場合は一部のデータを収集して全体を予想していきます。「一部のデータから都合よく全体を予想することができるのだろうか？」と思った人もいるかもしれません。その際に活用されるのが、統計的な性質です。

次のページのグラフは、文部科学省が発表している17歳の女子・男子の身長を人数で区切り、表したものです。男女ともに真ん中が高くて、左右の端に行けば行くほど割合が少なくなっていることがわかります。このような左右対称の山型・釣り鐘型のグラフを、**正規分布**または**ガウス分布**と言います。

私たちの身長はバラバラに思えますが、みんなの身長をグラフにすると、正規分布に近づいていくのです。

正規分布は身長の他にも、年齢や体重、血圧、テストの点数や偏差値、知能指数（IQ）など、身の回りの多くに表れます。反対に、さまざまな現象が正規分布になるということを考慮して、多くの推測をする際にも正規分布が利用されています。

例えば、大学受験や高校受験などの模擬試験では、テストの

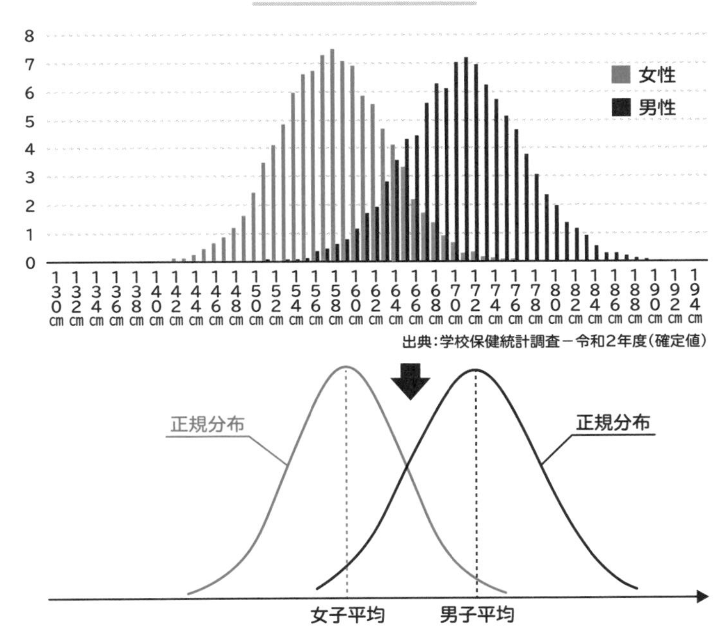

点数が正規分布に近づくことを考慮して、A判定やB判定などの志望校の判定をしています。模擬試験の結果をペースメーカーに勉強をしていた方も多いと思いますが、正規分布が背景にあったわけです。

ただし、正規分布に近づく現象は多くあるものの、これら全てが厳密に正規分布になっているわけではありません。あくまで一般的な傾向で、具体的な分布（グラフの形状）は、集団や環境、時間によって異なる可能性もあります。試験も教科によっては正規分布にならないものもあるので注意しましょう。

データの特徴を一気に表せる「正規分布」

前項で正規分布を紹介しました。正規分布は、データを推定する際に最もよく使われます。下のグラフの通り、多くのデータが平均付近に集まり、端に集まるデータはほとんどないという特性があります。

ただし、一口に平均付近にデータが集まると言っても、そのデータの大きさや割合によって、下のグラフ①のように尖った場合もあれば、④のようになだらかで幅広な場合もあります。

①はデータの多くが平均付近に集まっているので、あまりバラついていません。④はそれほど平均付近に集まっていないの

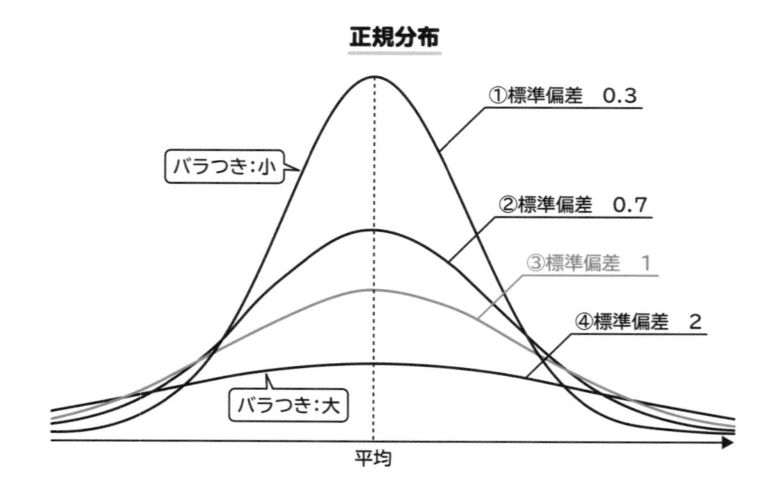

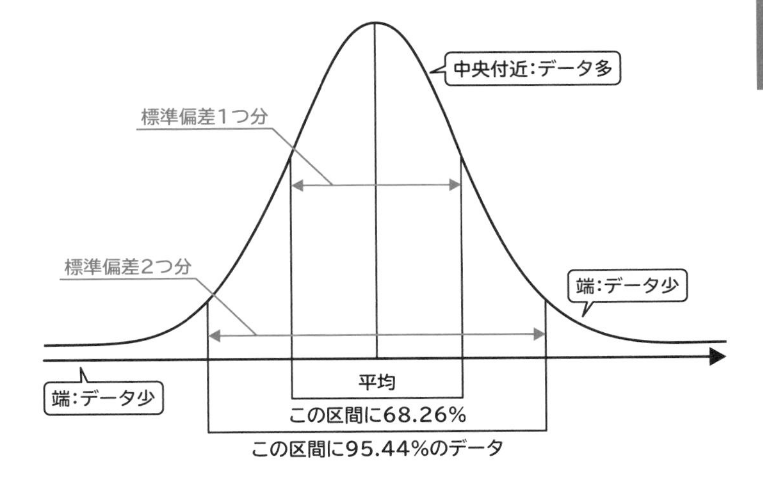

で、データがバラついているとも言えます。

このデータのバラつき具合を数値にしたものを、**標準偏差**と言います。

正規分布のパターンは無数に存在しますが、データの約68.26％が平均値を中心とした標準偏差一つ分以内、95.44％が標準偏差２つ分以内に収まります（95％にする場合は、標準偏差1.96分）。

そのため、正規分布に従うデータは、平均と標準偏差がわかれば、**ある範囲にどれだけのデータが収まっているかを予測することができる**のです。

なお、正規分布の中で「平均が0、標準偏差が1」のもの、つまり、グラフの真ん中の値を0としたもので、グラフのバラつきの度合いを1にしたものを**標準正規分布**と言います。また、正規分布の横軸の値は、**標準スコア（Z—スコア）**と呼ばれ、統計ではよく使用します。

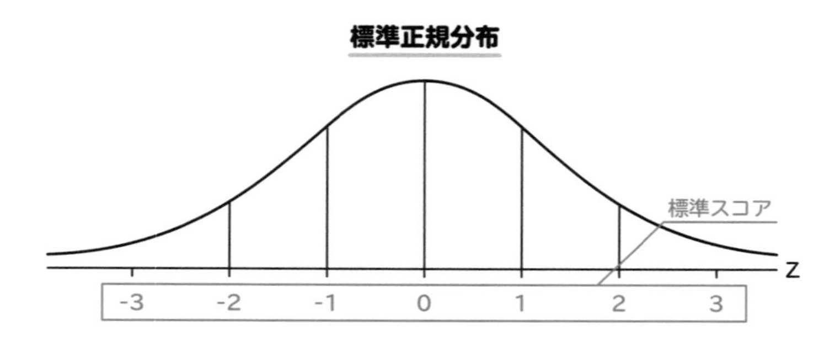

パン屋のウソも見抜くグラフ

人間は誰1人として同じ人はいません。そんな私たちを表す言葉に「十人十色」などがありますが、強烈な個性を持って歴史を作る人がいたからこそ、今の私たちがいるのかもしれません。

そんな強烈な個性を持った人物に、2004年に解かれた数学の3大問題**「ポアンカレ予想」**を提唱したアンリ ポアンカレがいます。

ポアンカレ

ポアンカレは、ごく一般的なフランス人のようにパンなしでは一日を過ごすことができないほどのパン好きでした。そのため毎日、通りのパン屋さんで1kgものパンを買っていたのです。

考察が好きで、優秀な数学者であるポアンカレ。彼はある日いつものパンの重量が重く感じ、またある日には軽く感じるという印象を持っていました。第六感が働いたのでしょうか？

そこでポアンカレは、ある日から家に帰るとパンの重さを量り、ノートにその重さを記入し始めました。そして数カ月後、分析に必要なだけのデータが揃ったところでパンの重さをグラフにしたところ、次ページのようになったのです。ポアンカレの

「パンの重量が、ある日は重く感じ、ある日は軽く感じる」というあの違和感は、確信に変わりました。

このパンの重量のグラフを見ると、平均はパン屋さんが言う1kgではなく、950gだったのです。パン屋さんの言う通りだったとすると、1kgがこのグラフの平均、つまり高さが1番高くなるはずです。

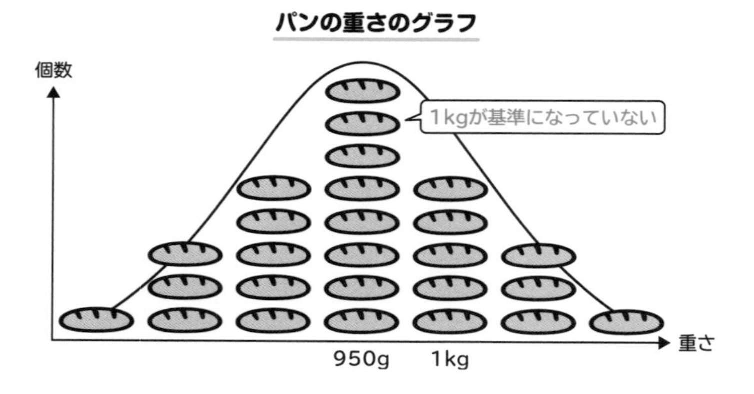

もちろん多少の誤差があるので、パンが少し軽くなったり、少し重くなったりはしますが、それらの平均をとれば1kg近辺に落ち着くはずです。つまり、パン屋さんは50g分を少なくしてパンを焼いていたのです。

そこでポアンカレは、この結果からパン屋は1kgではなく50gごまかしてパンを焼いているに違いないと結論づけ、パン屋さんに警告しました。その後、パン屋さんはポアンカレの指摘に反省して、ごまかさず1kgを基準にパンを焼くようになった……のであれば、このお話は長く語り継がれることはなかったでしょう。

パン屋さんは、ポアンカレの指摘後も変わらず950gを基準にしてパンを焼き続けたのです。そしてポアンカレがやってきたとき、お店にある大きめのパンを渡すようにしただけでした。

ポアンカレは、パン屋に指摘した後も変わらずパンの重さを量り続けました。すると、ポアンカレが買ったパンの重さは950g以上になったのです。

しかし、ポアンカレは「おかしい」と察します。なぜおかしいと察したのか言うと、パンの重さを量った分布が「正規分布」から、下のグラフのように不自然にずれていたからです。

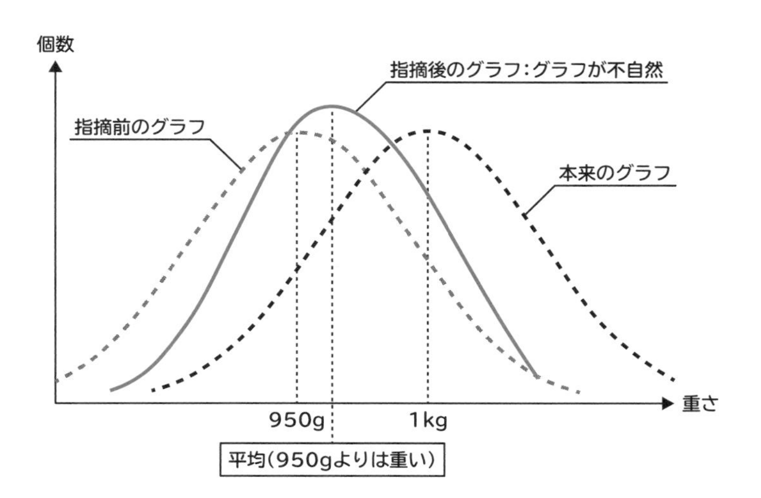

パン屋さんが，お客さまへ無作為にパンを渡す場合は、正規分布のようになっていきます。しかし、軽いパンだけ除外して渡していくと、パンの重さがランダムではなくなり、正規分布の形から崩れていくのです。

ポアンカレはその点を指摘し、パン屋さんを驚かせました。

偏差値50は「普通」？

バラつき具合を応用できる指標として、標準偏差を紹介しました。標準偏差の応用例はさまざまありますが、私たちがよく耳にする例としては「**偏差値**」があるでしょう。

偏差値は、平均を50、標準偏差を10に強制的に換算した際の値で、次の式で求められます。

$$[偏差値] \frac{点数-平均点}{標準偏差} \times 10+50$$

なお、赤い部分の値は標準得点（Z－スコア）です。標準得点は、平均を0に、標準偏差を1に強制的に換算したときの値で、標準得点を10倍して、50を加えると偏差値になります。

偏差値を利用することで、自分の成績が「テストを受けた集団の中でどれくらいの位置にいるか」を推定することができます。学力テストであれば、「全受験者のうち、自分が上位何％程度の実力なのか」を推定できるわけです。自分の実力の位置がわかることで、逆算して合格可能性を測ることができます。

偏差値は受験だけではなく、知能測定などさまざまな分野に活用されます。

さて、ここで考えてみてほしいのです。

偏差値を求めるには平均の情報だけでは足りず、バラつきを表す標準偏差の情報も必要となります。しかし、自分の能力を測る上で、なぜ標準偏差が必要なのでしょう。平均の情報だけでは不十分なのでしょうか？

学校の定期考査や模擬試験では、答案が返されるタイミングで多くの場合に平均点も教えてもらえますが、自分の点と平均点だけでは、自分の位置（順位）はわからないのです。例えば、次の例で考えてみましょう。

Aさんはある模擬試験で、英語と数学と物理の試験を受けました。結果は右表の通りだったとします。このとき1番、いい成績だったのはどの科目でしょうか？

	Aさんの点	平均点
英語	80	65
数学	58	40
物理	65	45

点数だけを見ると、英語の成績が1番よく見えます。一方で、平均点から1番離れているのは物理なので、物理の成績が1番いいのかもしれません。しかし、実は**この情報だけでは、どの科目の成績が1番いいのか判断ができないというのが正しい**のです。

もちろん、平均点を頼りにテストにおける自分の位置（順位）をざっくり評価するのも一つの方法ですが、高校受験、大学受験のように、1点、ものによっては1点未満で合否が分かれる競争試験の場合、正確な情報で評価しなければ不公平につながりトラブルになりかねません。そこで、平均点が違う科目をより公平に比較するツールとして用いるのが、偏差値なのです。

そこで偏差値を求めるために、先ほどの表に標準偏差の情報をつけ加えたのが下表です。

	Aさんの点	平均点	標準偏差
英語	80	65	15
数学	58	40	6
物理	65	45	10

	Aさんの偏差値
英語	$\frac{80-65}{15}\times10+50=60$
数学	$\frac{58-40}{6}\times10+50=80$
物理	$\frac{65-45}{10}\times10+50=70$

結果を見ると、予想していた英語でも物理でもなく、なんと数学の偏差値が1番高いことがわかりました。

「偏差値50」は普通とは限らない

「偏差値50」と言うと、“真ん中”や“普通”をイメージする方が多いと思いますが、そうとは限りません。

偏差値はあくまで「平均値」をベースとした統計量ですが、先に説明した通り、平均値は外れ値の影響を大いに受ける性質があります。そのため、偏った集団から得られた偏差値は偏った結果になるのです。

一つ例を紹介します。2022年の2人以上の世帯における1世帯当たりの平均貯蓄額は、総務省統計局の『家計調査報告（貯蓄・負債編）』によると1901万円でした。

　ということは、貯蓄偏差値なるものを考えた場合、貯蓄額1901万円が貯蓄偏差値50となります。しかし、貯蓄額が1901万円の世帯を、皆さんはどのように思いますか？
「貯蓄1901万円って普通だね～」とはならないと思います。相当貯蓄されている世帯という印象を受けるのではないでしょうか。
　つまり、貯蓄偏差値50（貯蓄額が1901万円）の世帯は、普通の世帯ではなく、貯蓄額が多い世帯となるはずです。

　このような現象は、平均が外れ値に弱いことから発生します。特に、グラフの形が山型の正規分布にならない場合は顕著です。「偏差値50」と聞いてすぐに「普通だ」と思うのは、少し注意が必要ですね。また、平均や偏差値は、正規分布とならないデータを使用するとイメージと一致しない結果になることが多いので、その点も注意が必要です。

ぷっつり切れた棒グラフにはご注意を

2020年に新型コロナウイルスが流行した当初、パニックになったという方も多かったのではないでしょうか。人類が経験したことのない疫病がはやると混乱するものです。また、新型コロナウイルスに関連するニュースが連日流れていました。その中には、感染に関する責任問題を問うものもありました。

感染問題でナーバスになっていた頃の日本では、「新型コロナウイルスに感染したら、それは本人のせいだと思う」と、自己責任と考える人もいました。この割合は、「欧米の3〜4倍」にもなっていたそうです。次ページのようなグラフで報道されたケースがありました。皆さんは、どのように感じますか？

このグラフだけを見ると、日本人には「感染は自己責任」だと思っている人がとても多いように感じるかもしれません。しかし、よく数値を見てください。そう思っているのは約15%で、全体としては少数派です。そして、さらに少数である他国を引き合いに比較することで、「日本人は、新型コロナウイルスに対して厳しすぎる」といったイメージを持たせているのです。

それをさらにくっきりと見せる技法が、このグラフには使われています。

「新型コロナウイルスに感染したら、それは本人のせいだと思いますか？」国別の調査

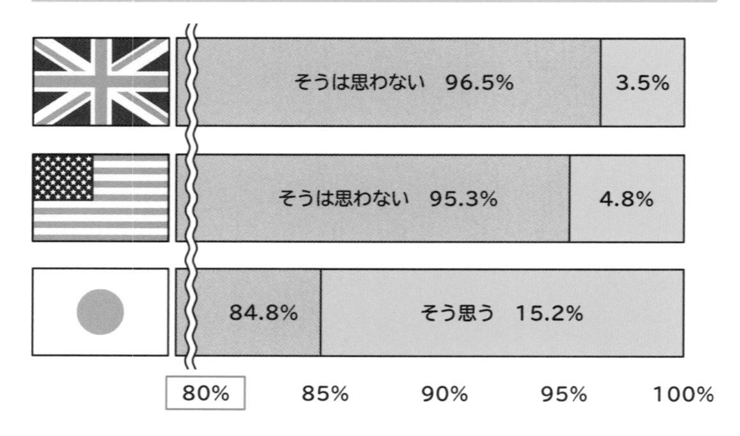

それは、グラフの**目盛りを操作する**ことです。グラフの目盛りをよく見ると、0から始まっていません。本来グラフの基準は0にするべきです。なぜなら、**棒グラフの目盛りを0から始めずに途中からにすると、違いや変化が強調される**ため、間違った印象も強調される可能性があるからです。

今回のケースでは、あくまで「コロナの感染は自己責任」と思っている人は少数派のはずなのに、グラフにだけ着目すると、まるで圧倒的多数で、ほとんどの人がそう思っているように見えてしまったのです。

このような棒グラフは、目盛りを0からスタートする形に直すのが原則です。実際に、直したグラフを提示すると次のようになり、イメージが随分と変わったと思います。なお、Excelなどの表計算ソフトで積み上げ棒グラフを作成すると、「目盛りが

0から始まらない」ことがあるので修正しましょう。

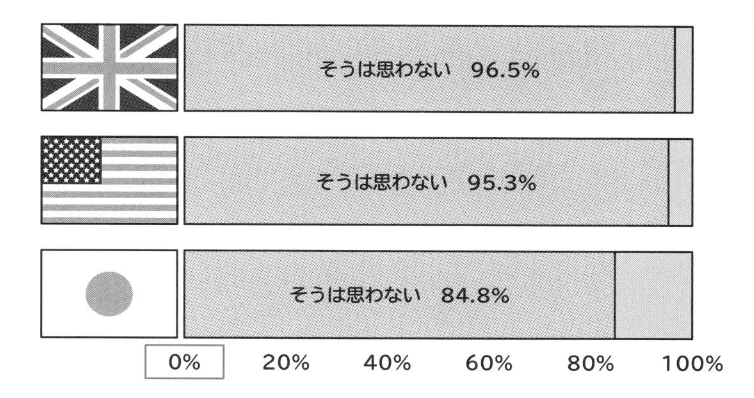

ただし、グラフの目盛りが0から始まっていれば全て信頼できるというわけでありません。0から始まっているものの、途中が**ぷっつり切れている**のであれば、先ほどの0から始まっていないグラフと同様に、誤解を与えるグラフになります。この

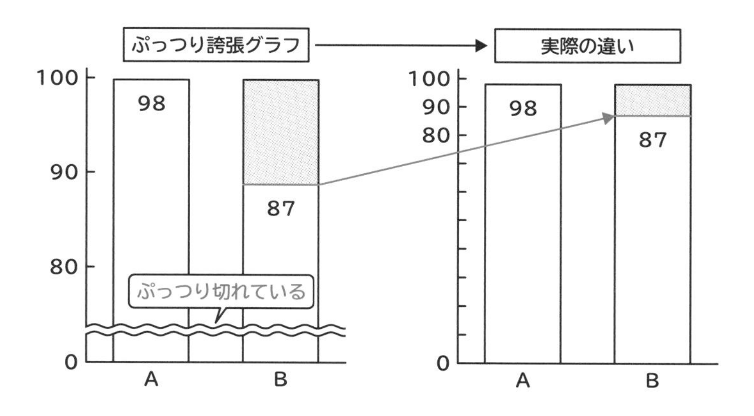

ようなグラフは、途中のぷっつり部分を復元して比較しましょう。

他には、途中から**目盛りの比率が化ける棒グラフ**も見かけます。グラフの目盛りは等間隔でなければなりません。例えば、左のグラフは0～80と80～100までの目盛りの幅が違います。おそらく何かしらの増加を極端に示すために用いられているのでしょうが、等間隔の目盛りに計り直して比較することが大切です。

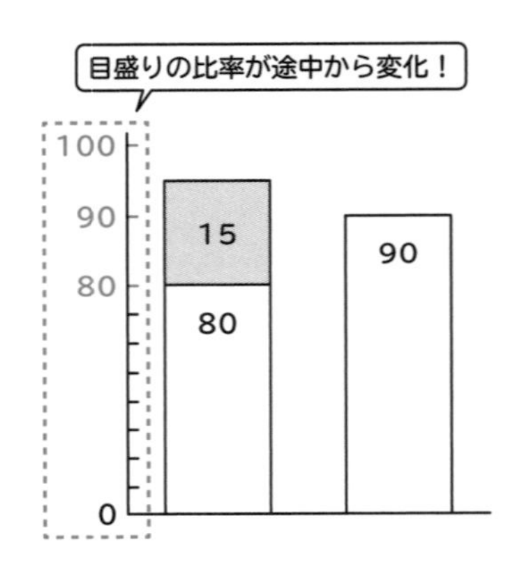

ただしこのグラフは、縦軸の目盛り幅を変化させていますが、**横軸の目盛りを変化させる「時空が歪んだ」グラフ**も存在するので、必ず「歪み」は確認しましょう。

2軸プレイに気をつけろ

棒グラフや折れ線グラフなどの複数のグラフを組み合わせて、左右に軸を設けた下のようなグラフを、**2軸グラフ**と言います。異なるデータを一つにまとめることで、時系列の変化などをわかりやすく比較することができます。

例えば下のグラフは、1991年から2020年までの月間の平均気温と降水量を表したものですが、気温の変化と降水量の変化を時系列ごとに確認できます。

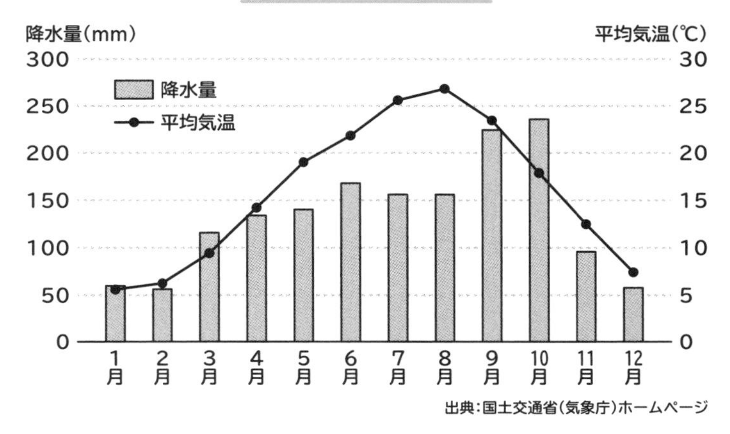

しかし、わかりやすく比較することができる反面、左右で2

つの軸があるぶん、グラフがどちらの軸のものなのかわかりづらく誤解してしまう可能性があります。この２軸グラフは気温と降水量を表していて、単位が「mm」と「℃」と異なるので誤解することはあまりないかもしれません。しかし、次に紹介するような、単位が同じで桁や尺度が異なるグラフを作為的に見せる困ったトリックが多々あります。

特に、折れ線グラフを２軸で利用する場合、あるものは増加していき、あるものは減少していく**逆転現象**が起こりそうになっていることを「わざと」演出しているものを目にします。

例えば、下の２軸折れ線グラフを見てください。Ａ社とＢ社の売上の推移を時系列で比較して表したものです。

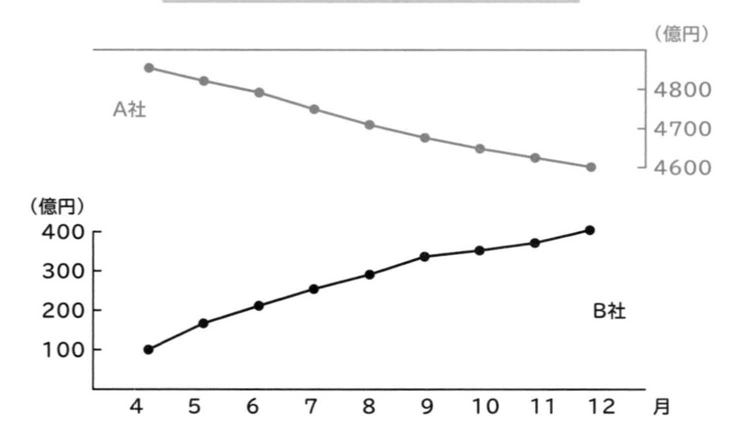

この折れ線グラフを見ると、半年間でＢ社の売上がどんどん

伸びていき、A社を追い抜こうとしているように見えます。しかし、軸をよく見ると、売上の桁が一つ違います。なぜ2軸にする必要があったのでしょうか？　そもそもこの2社を比較すること自体が適切とは思えませんが、一つの軸でまとめてみると、下のグラフのようになります。

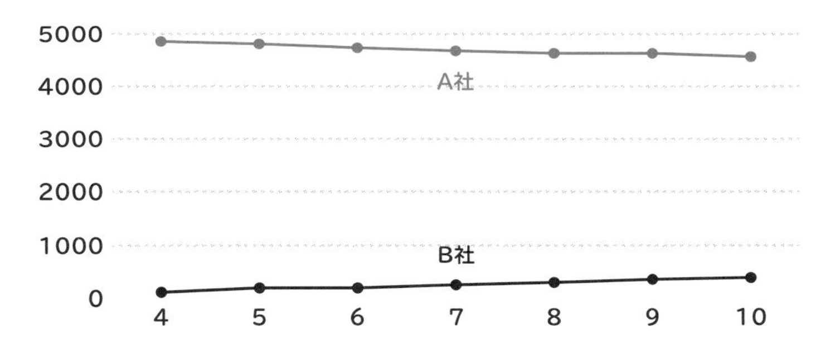

このように一つの軸にまとめて比較すると、先ほどと違ったイメージになるのではないでしょうか？

誇張の奥義「ドッキングメソッド」

選択肢のあるアンケートはさまざまありますが、選択肢の数は次のように3つや5つの場合が多いです。

ある意見(や考え)に賛成ですか？

選択肢が3つの場合

❶賛成　❷どちらでもない　❸反対

選択肢が5つの場合

❶賛成　❷やや賛成　❸どちらでもない　❹やや反対　❺反対

選択肢が5つの形式は、選択肢が3つの形式のものよりも意見の特徴をより詳細に調査することができ、「どちらでもない」の回答が減少する傾向があります。普通を好み極端を好まない日本人は、特にこの傾向が強くなります。

この、普通を好む日本人の特性を逆手にとったトリックもあります。

例えば、上記の3つの選択肢で、1の「賛成」が30%、2の「どちらでもない」が50%、3の「反対」が20%だったとします。円グラフで表す場合、次ページの円グラフを予想した方が多いのではないでしょうか？

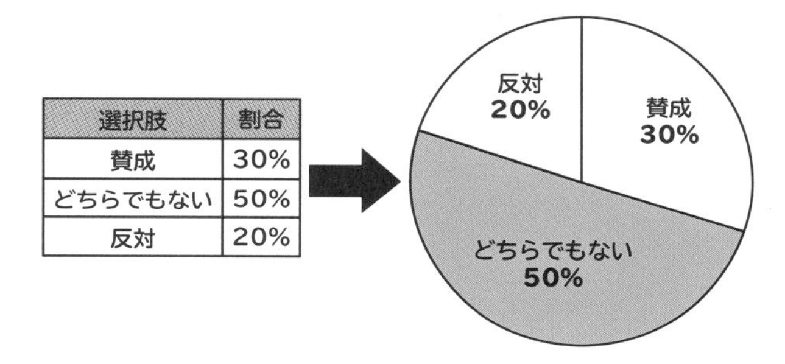

選択肢	割合
賛成	30%
どちらでもない	50%
反対	20%

もちろん本来は上の円グラフになるはずです。しかし、グラフを作成する人が数値を使って**作為的に「否定」を演出するために、「どちらでもない」を悪用する方法**も考えられます。

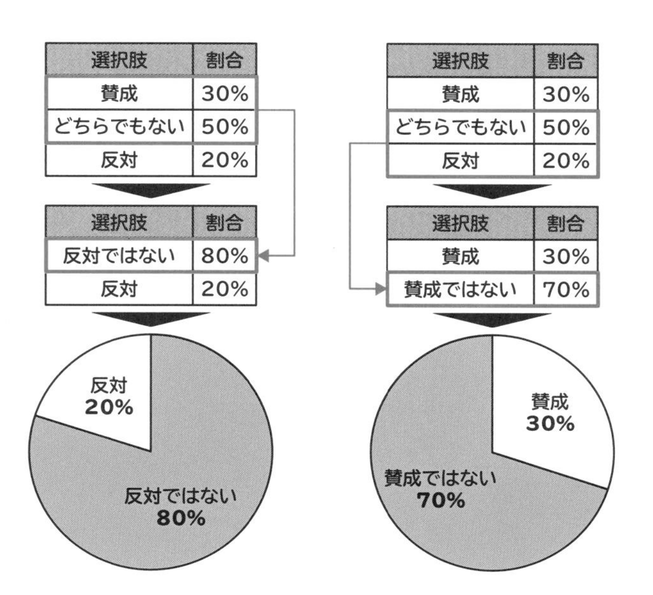

選択肢	割合
賛成	30%
どちらでもない	50%
反対	20%

選択肢	割合
反対ではない	80%
反対	20%

選択肢	割合
賛成	30%
どちらでもない	50%
反対	20%

選択肢	割合
賛成	30%
賛成ではない	70%

どちらでもないということは、「賛成」でも「反対」でもないということ。しかし、前ページのグラフのように、「賛成」と「どちらもない」をドッキングして「反対ではない」や、「反対」と「どちらでもない」をドッキングして「賛成ではない」にすることもできるのです。

このようなドッキングには、「〜ではない」という否定の言葉が入っていることが多いです。否定の言葉は理解しやすい言葉ではないので、あえて使用している場合は、このような作為の可能性も疑う必要があるのかもしれません。

3Dグラフはトラップだらけ

データを見やすくする方法の一つがグラフですが、資料作成の際に美しく見える、「映える」ことばかりに目がとられると、思わぬトラップにはまることがあります。その典型が、**3次元（3D）のグラフ**です。

結論から言いますが、3Dのグラフは**遠近法により、データが歪んで見える**ことが多々あります。つまり、誤解を与えることが多いため、原則用いないほうがよいです。

誤解を与えないためにも、グラフは基本的に2Dで表すようにしましょう。統計グラフを用いる目的は、データをわかりやすく「正しく」伝えることが目的です。見た目が美しかったとしても正しく伝わらなければ、目的を達しないことになります。

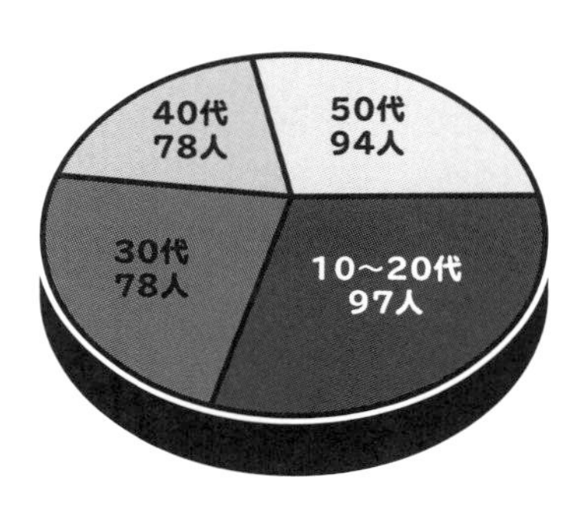

では、実際に3Dのグラフを見ながら問題点を確認していきましょう。まず右の円グラフを見てください。

この円グラフは、警察官の世代別不祥事（懲戒処分者の数）を表したグラフで、「目立つ若者世代の不祥事」として実際に某報道番組で使用されたグラフです。

この円グラフを一見すると、「10～20代は不祥事を多く起こしているなぁ」と思うかもしれません。しかし細かく見ていくと、50代と10～20代で懲戒処分者数の差はたったの3人ですが、10代～20代の方が大分多く懲戒処分者がいるように見えます。

また、30代と40代で懲戒処分者の人数は同じですが、30代の方が多く、かつ10～20代の次に多いように見えます。

この円グラフはそれ以外にも、問題のある点が数多くあります。わかりやすくした右のグラフを見てください。円を分割する点が中心からずれています。全て20%を表していますが、一つとして同じ割合には見えません。そのため、中心で分割しないと同じものが同じものに見えなくなるのです。

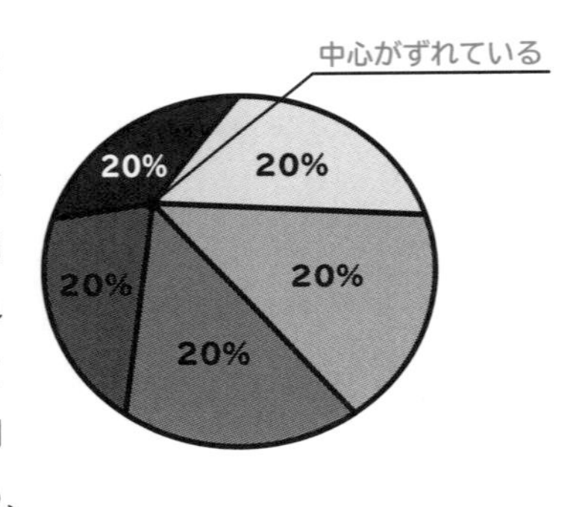

また、30代、40代、50代は10年区切りなのに、なぜ10代と20代はまとめたのでしょうか？　もちろん10代で警察官になっているのは18歳と19歳のみということもありますが、まとめるのは適切とは言えません。そして、円グラフは**「割合」**を示すものです。なぜ割合で表さないのでしょうか？

こうしたグラフを見るときは必ず、普通のグラフに修正して検討し直してください。

10代と20代の具体的な人数がわからないので、割り振って修正したのが下の右側のグラフです。

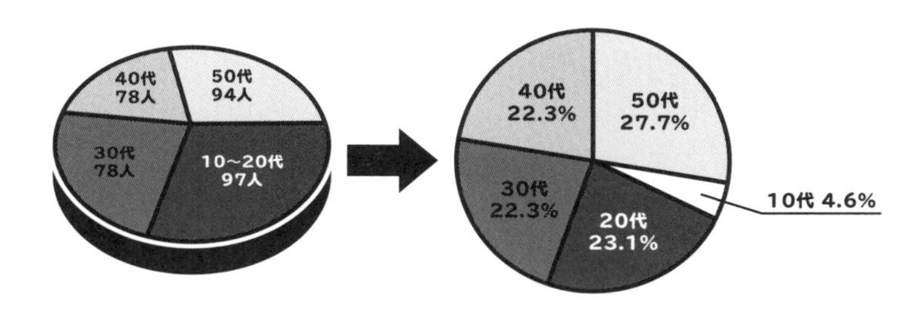

ここで紹介した、見た感じと実際のデータに大きな違いがあるグラフは適切なグラフではありません。その乖離を生み出す要素の一つが、3Dなのです。

同様に、右の3D棒グラフを見てください。どのように見えますか？

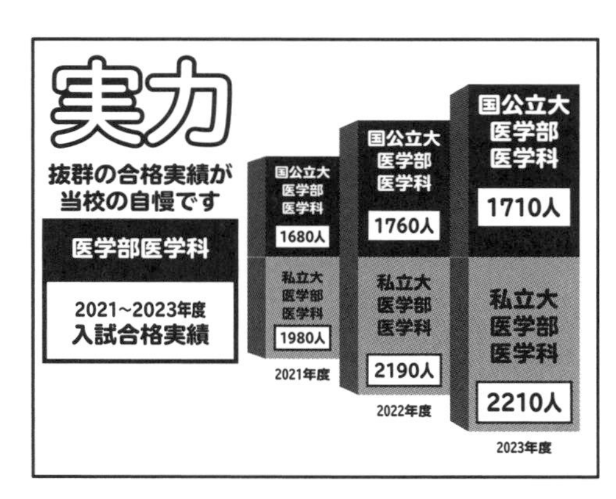

数値を細かく見る人ならわかると思いますが、2023年度の国公立大医学部・医学科の合格者数より2022年度のほうが多いのに、棒グラフ上はそのように見えないので

す。数値はウソをついていません。しかし、体積が遠近法によって大きく見えるのです。

私たちは数値とグラフを見た場合、グラフで相場観を見ることが多いので、この図はその特性を意図的に利用していることになります。

また、国公立大と私立大学の合格者数の合計が表示されていませんが、こちらも2023年度より2022年度のほうが多くなっています。そのため、このような**3Dグラフは2Dにして見ることが大切**です。2Dにすると下のグラフのようになります。

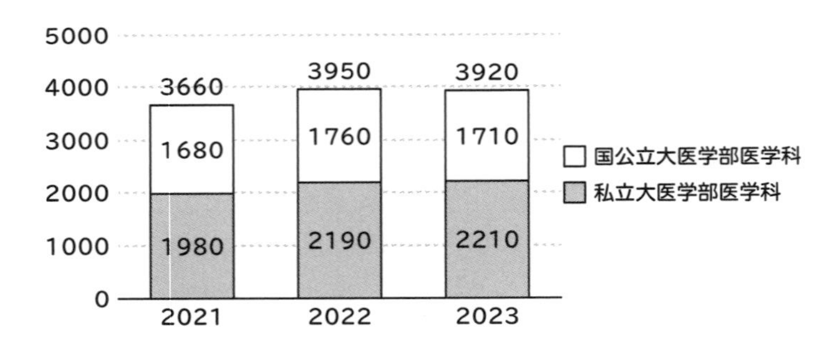

その折れ線グラフ、定義が変わっていませんか？

折れ線グラフでは、時系列データと呼ばれるデータを多く用いるので、まず**時系列データ**を紹介します。時系列データは、調べる一つの対象を毎日・毎週・毎月などのように一定の時間間隔にして記録・観察して得たデータです。

年間の気温変化、売上の推移、株価の推移など時間の経過とともに変化するデータを追跡する際に利用します。

なお、複数の対象について一定の時間間隔にして記録・観察し、得たデータは**パネルデータ**と言います。

時系列データとパネルデータ

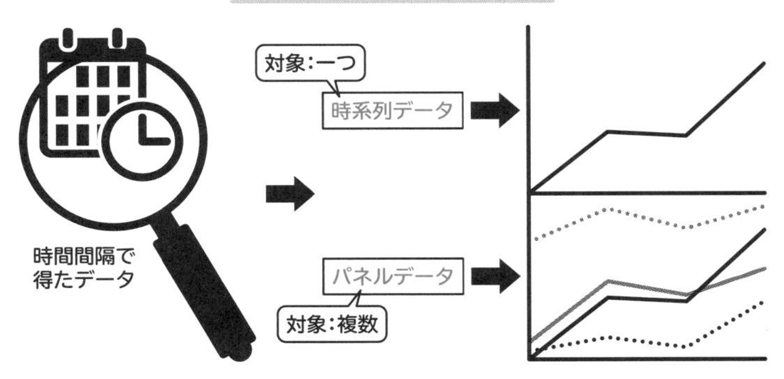

時系列データには、長期的な傾向、季節性変動、周期性変動、不規則性変動など、さまざまなパターンがあります。時系列デー

タを表現するのに適したものが折れ線グラフです。データを点でプロットし、点を線でつなぐことで、データの変化や傾向を視覚的に把握しやすくします。

時間を伴うデータを視覚的に把握できるのが折れ線グラフの強みですが、「時間」を扱うがゆえに起こる問題もあります。それが**定義の変更**です。

例えば、データがやや古いものですが、次の不登校児童生徒数の推移を表した折れ線グラフを見てください。

平成9年から10年にかけて、不登校児童の生徒数が急増しています。この年にかけて何かあったのでしょうか？

結論を言うと、平成10年（1998年）に不登校の**定義が変わ**

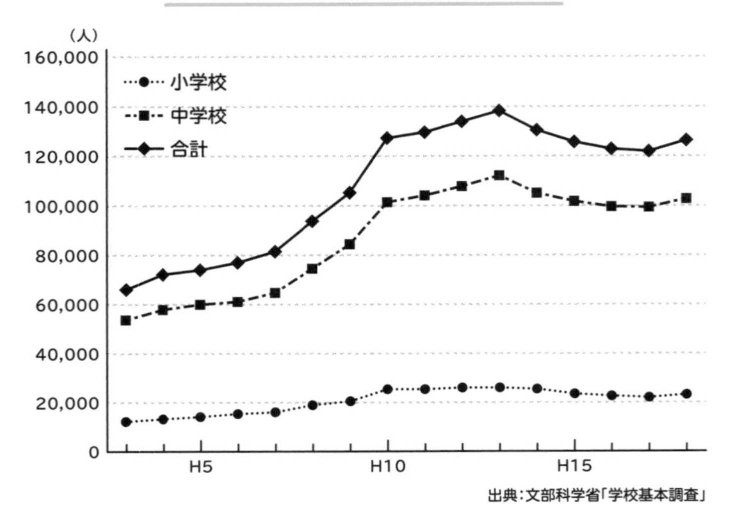

ったのです。

例年、学校現場は多様化していますが、それに合わせて不登校の定義も変化していきました。現在、不登校の定義は「年間30日間以上の欠席」ですが、以前は違いました。そもそも不登校という名称が使われたのは平成10年（1998年）で、それまでは「学校嫌い」という呼び名でした。さらに平成10年より前までは50日を休んだ生徒を「学校嫌い」、現在の「不登校」としていたのです。

つまり、平成10年では急激に生徒が不登校になったわけではなく、定義が変わったということです。

このように、統計調査を行う際には「定義」がとても大切です。しかし、この不登校の例のように長期間の調査では、時代背景などに合わせて名称や定義が変わることが多々あります。定義が変われば、データも大きく変わります。

そのため、期間が長い時系列データを扱う際には、定義の変化があったのかどうかもチェックする必要があるでしょう。なぜなら、定義の変化を無視して大きく見せられるということを、悪用しようと思えばできるためです。

実データと出典の神隠し

私たちは、数値を見せられると妙に納得させられることがあります。そして、数値をグラフで視覚化したものの場合、わかりやすさにとらわれて、間違って解釈することも多々あります。私自身も、いろいろと騙されてきました。

今回は、例を通して、怪しいポイントを探っていきたいと思います。例えばあるサプリメントの効果について、次のようなグラフがあったとしましょう。

サプリメントを
お試しいただいたお客さまの
約**95**%
が「**満足した**」
という
結果が出ています。

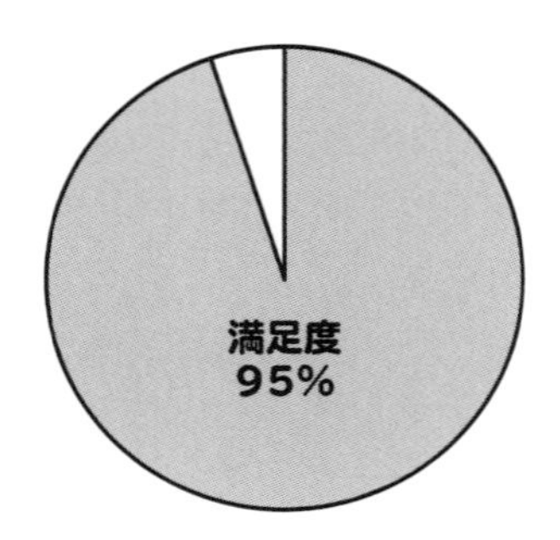

満足度95%のサプリメントということで、とても満足度の高い商品と考えられそうですが、何人にアンケートをとったのでしょうか？　もしかすると、調査したのはたったの20人で、満足と答えたのはそのうち19人だったため「満足度95%」としているのかもしれません。

このように、**何人に調査したのかわからないグラフ**などをよく見かけます。調査した人数が載っていない場合は、疑ったほうがいいかもしれません。

また、「満足」と答えた場合も、本当に満足と思って答えているのでしょうか？　もしかすると、アンケートの選択肢を次のような４つにして、満足とやや満足をまとめて「満足」にしているのかもしれません。ドッキングメソッドの応用です。

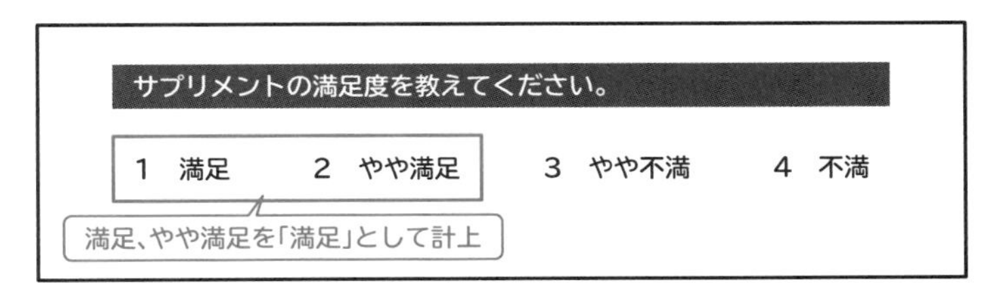

このグラフにはまだ問題があります。それは、誰にアンケートを取ったのかもわかりません。サプリメントをつくっている会社の社員に聞いているのかもしれませんし、無料モニターに聞いているのかもしれません。自社の社員の場合は、厳しい回答はしないかもしれませんし、無料モニターの場合も、商品を無料でもらっているぶん厳しい回答はしないかもしれません。

このように、**実データと出典を神隠し**することによって、いい結果だけを表示している可能性もあります。もちろん、近年はきちんと誇大広告がなされないように、景品表示法などの法律が整備されてきました。しかし法律の間を掻い潜って数値化・グラフ化をすることもあるので、実データや出典を自らの目でしっかりと確認する癖をつけましょう。

あとがき

『運命とは、受け入れるべきものではない、それは自ら選び創り出すものだ』

オランダの哲学者スピノザの格言です。
未来がすでに決まっているかのような印象を持ってしまう「運命」という言葉に対して、行動と選択によってそれは変えられることを、この格言は私に教えてくれました。

私がこの格言を初めて耳にしたのは大学受験生だった頃です。
通っていたある予備校の数学講師が引用していて、今でも鮮明に覚えています。成績が伸びない理由を環境のせいにしていた私に、この言葉は大きく刺さりました。
「伸びない成績を選択しているのは自分なのだ」と。

もしかすると、「数学や統計が苦手」ということを、「変えられない運命」だと受け入れて避けていた方もいるかもしれません。
しかし、あなたはこのページにたどり着いた。あなたの選択と行動によって、その運命を変え、「克服」したのです。
運命を克服したあなたには、統計という強力なツールが24時間サポートしてくれます。そこにきっと、今まで体験したことのない便利な未来が待っているはずです。

最後になりますが、総合法令出版編集部の石島彩衣さんには、言葉に尽くせないほど大変お世話になりました。この場を借りて厚くお礼申し上げます。

2023年9月吉日

佐々木 淳

佐々木 淳（ささき・じゅん）

下関市立大学教養教職機構 准教授
防衛省海上自衛隊パイロット候補生の数学教官、代々木ゼミナール数学科講師を経て現職。防衛省時代は、数学を苦手とする文系パイロット候補生に、パイロットに必要な理系数学を日本で唯一教えていた。教え子は 1000 人以上。また、小学生の算数教室などの出前授業を実施し、全国紙を含むメディアで紹介。読売中高生新聞の理数コーナーの連載も担当し、中高生に実用的な数字・数学を伝えている。保有資格は、数検 1 級、AI 実装検定など。これまでに、雑誌『プレジデント』内の数字の学校も担当。

“1ミリも難しくない”統計学
スマホゲームのガチャでSSRを引く確率は？

2023年10月23日　初版発行

著　者　佐々木淳
発行者　野村直克
発行所　総合法令出版株式会社
〒103-0001 東京都中央区日本橋小伝馬町 15-18
EDGE 小伝馬町ビル 9 階
電話　03-5623-5121
印刷・製本　中央精版印刷株式会社

ISBN 978-4-86280-921-6
総合法令出版ホームページ　http://www.horei.com/